"创意与思维创新"
数字媒体艺术专业新形态精品系列

微|课|版

Unreal Engine 5
建模与渲染实战

刘祖涵 房祥龙 主编

U0265149

人民邮电出版社
北 京

图书在版编目（CIP）数据

Unreal Engine 5建模与渲染实战：微课版 / 刘祖涵，房祥龙主编. -- 北京：人民邮电出版社，2025.
（"创意与思维创新"数字媒体艺术专业新形态精品系列）. -- ISBN 978-7-115-65525-7

Ⅰ．TP391.98

中国国家版本馆CIP数据核字第20249L87M1号

内 容 提 要

    本书基于Unreal Engine 5，详细介绍与建模、渲染相关的基本知识和技能。全书共11章，主要内容包括Unreal Engine 基础入门、放置和操作基础物体、获取和导入资产、材质基础认知、光照系统详解、地形系统详解、植被系统详解、Nanite网格体及Bridge材质球介绍、项目设置及后期盒设置，以及两个实战案例："荒漠之城"场景搭建、"荒漠之城"后期效果制作。

    本书内容全面，案例丰富，深入浅出地讲解在Unreal Engine 5中进行建模与渲染的具体操作方法。本书适合作为本科院校和高职院校数字媒体技术、数字媒体艺术、计算机科学与技术等专业的教材，也可作为相关领域从业者的自学用书。

◆ 主　编　刘祖涵　房祥龙

   责任编辑　韦雅雪

   责任印制　陈　犇

◆ 人民邮电出版社出版发行　　北京市丰台区成寿寺路11号

   邮编　100164　电子邮件　315@ptpress.com.cn

   网址　https://www.ptpress.com.cn

   雅迪云印（天津）科技有限公司印刷

◆ 开本：787×1092　1/16

   印张：13.5　　　　　　　　　　　　2025年1月第1版

   字数：320千字　　　　　　　　　　2025年1月天津第1次印刷

定价：79.80元

读者服务热线：(010)81055256　印装质量热线：(010)81055316
反盗版热线：(010)81055315
广告经营许可证：京东市监广登字20170147号

前言

21世纪是多媒体时代，随着社会的进步和艺术设计的发展，计算机图形处理软件成为各行各业不可或缺的工具。Unreal Engine作为一个优秀的实时3D创建工具，以其强大的建模和渲染功能，彻底改变了传统游戏行业的工作流程，产生了极其深远的影响。

Unreal Engine不仅是一个强大的游戏开发引擎，它的应用范围还覆盖影视制作、建筑可视化、虚拟现实和增强现实等多个领域。Unreal Engine 5版本通过引入诸如Nanite网格体和Lumen全局光照等革命性技术，大幅提升了建模和渲染的效率与效果，成为业界人士青睐的工具。

很多数字媒体艺术、数字媒体技术、计算机科学与技术相关专业都开设了"Unreal Engine建模与渲染"课程。为了帮助各类院校快速培养优秀的数字媒体相关人才，本书力求通过多个实例由浅入深地讲解用Unreal Engine进行建模和渲染的方法和技巧，帮助教师开展教学工作，同时帮助读者掌握实战技能、提高设计能力。

编写理念

本书体现了"基础知识+案例实操+强化练习"三位一体的编写理念，理实结合，学练并重，帮助读者全方位掌握Unreal Engine建模和渲染的方法和技巧。

◆ 基础知识：讲解重要和常用的知识点，分析归纳Unreal Engine建模和渲染的操作技巧。

◆ 案例实操：结合行业热点，精选典型的商业案例，详解Unreal Engine建模和渲染的设计思路和制作方法；通过综合案例，全面提升读者的实际应用能力。

◆ 强化练习：精心设计有针对性的课后练习，拓展读者的应用能力。

教学建议

本书的参考学时为64学时，其中讲授环节为40学时，实训环节为24学时。各章的参考学时可参见下表。

章	课程内容	学时分配	
		讲授	实训
第1章	Unreal Engine 基础入门	2学时	1学时
第2章	放置和操作基础物体	3学时	2学时
第3章	获取和导入资产	4学时	2学时

章	课程内容	学时分配	
		讲授	实训
第4章	材质基础认知	4学时	2学时
第5章	光照系统详解	4学时	2学时
第6章	地形系统详解	4学时	2学时
第7章	植被系统详解	4学时	2学时
第8章	Nanite网格体及Bridge材质球介绍	3学时	2学时
第9章	项目设置及后期盒设置	2学时	3学时
第10章	实战案例："荒漠之城"场景搭建	4学时	3学时
第11章	实战案例："荒漠之城"后期效果制作	6学时	3学时
学时总计		40学时	24学时

配套资源

本书提供了丰富的配套资源，读者可登录人邮教育社区（www.ryjiaoyu.com），在本书页面中下载。

微课视频：本书配套微课视频，扫码即可观看，支持线上线下混合式教学。

素材和源代码：本书提供了所有案例需要的素材和源代码。

素材文件　　源代码

教学辅助文件：本书提供教学课件、教学大纲、教学教案等。

教学课件　　教学大纲　　教学教案

编者

2024 年 7 月

CONTENTS 目录

第1章

1

Unreal Engine 基础入门

在本章中，我们将从创建一个新的Unreal Engine工程开始，介绍Unreal Engine的基础知识。Unreal Engine是一款强大的游戏开发引擎，可用于创建令人印象深刻的三维游戏和应用程序。为此，我们将探讨创建一个Unreal Engine工程的基本步骤，以便开始创作之旅。

本章学习目标

1. 创建 Unreal Engine 工程。
2. 掌握 Unreal Engine 用户操作界面。
3. 掌握 Unreal Engine 视口操作。
4. 了解内容浏览器。

本章知识结构

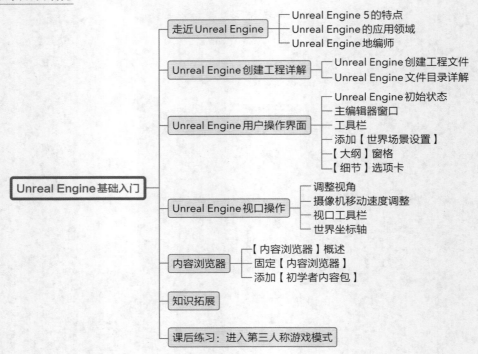

1.1 走近 Unreal Engine

Unreal Engine作为一款新兴的游戏引擎，为开发者提供了探索无限创作可能的机会。让我们走近Unreal Engine，一窥其令人惊叹的创作世界，探索游戏开发的无限可能。

1.1.1 Unreal Engine 5的特点

本书采用Unreal Engine 5进行讲解，其特点如下。

1. 卓越的图形表现力

Unreal Engine 5引入了全新的【Nanite】虚幻引擎技术，它允许开发者创建极其详细的三维模型，而无须担心多边形数量，如图1-1所示。这使得游戏可以更加真实、丰富，无论是在视觉还是在可玩性方面。

图1-1

2. 丰富的开放世界

　　Unreal Engine 5支持更大规模的开放世界游戏制作。【Lumen】全局光照和【Nanite】虚幻引擎技术相结合，使开发者能够创建引人入胜的游戏环境，包括动态的全局光照和详细的地形，如图1-2所示。

图1-2

3. 强大的生态系统

　　Unreal Engine 5是一个强大的生态系统，具有丰富的工具和资产库，支持各种游戏类型和平台。此外，Unreal Engine 5社区中的在线学习资源也在不断丰富，使新手和专业开发者都能轻松获得支持和教育，如图1-3所示。

图1-3

4．多平台支持

Unreal Engine 5具备多平台发布的功能，可以用于开发PC、主机、移动设备等各种平台的游戏和应用程序，从而扩大了潜在的用户群体，如图1-4所示。

1.1.2　Unreal Engine 的应用领域

1．游戏开发

Unreal Engine是为游戏开发而创建的，因此在这个领域有着广泛的应用。开发者可以使用Unreal Engine创建各种类型的游戏，包括角色扮演游戏、射击游戏、冒险游戏等，如图1-5所示。

2．虚拟现实和增强现实

Unreal Engine为虚拟现实（Virtual Reality，VR）和增强现实（Augment Reality，AR）应用提供了丰富的支持，使开发者能够构建沉浸式的虚拟体验应用、模拟培训应用、虚拟旅游应用和医疗应用等，如图1-6所示。

图1-4

图1-5

图1-6

3．电影和动画制作

Unreal Engine的强大渲染功能使其成为电影和动画制作领域的有力工具。它被用于制作特效、虚拟摄影和预可视化，以及创建令人惊叹的数字世界，如图1-7所示。

图1-7

4. 建筑行业

建筑行业人员可使用Unreal Engine进行建筑可视化、模拟、培训和规划。它允许建筑师和工程师创建高度逼真的建筑模型，进行虚拟漫游，以及评估设计方案，如图1-8所示。

图1-8

5. 教育和培训

Unreal Engine可用于创建互动式培训模拟器、虚拟课程和教育应用。这些应用可以用于医学培训、工程教育等领域，如图1-9所示。

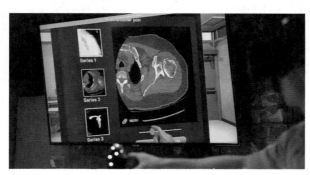

图1-9

6. 汽车工业

汽车制造商可使用Unreal Engine进行汽车设计、虚拟测试和销售演示，并模拟汽车性能、碰撞测试和驾驶体验，如图1-10所示。

图1-10

7. 广告和市场营销

Unreal Engine在广告和市场营销领域用于创建引人注目的广告、虚拟漫游和交互式产品展示视频，如图1-11所示。

8. 模拟与训练

Unreal Engine被用于创建各种模拟器，包括飞行模拟器、军事训练模拟器、医疗模拟器和消防模拟器，以提高训练效果，如图1-12所示。

9. 娱乐与娱乐场所

Unreal Engine在娱乐业和主题公园领域用于创建交互式游乐设施、虚拟游乐场和沉浸式娱乐体验，如图1-13所示。

图1-11

图1-12

图1-13

1.1.3 Unreal Engine 地编师

地编师是Unreal Engine开发过程中的一个重要工作职位。地编师负责设计和创建游戏世界中的关卡、地图和场景，以确保游戏玩家得到有趣、具有挑战性和引人入胜的体验。此外，还有Unreal Engine技术美术师、Unreal Engine蓝图设计师、Unreal Engine动效资源美术师等工作职位。本书主要讲解Unreal Engine建模与渲染的工作流程，并未较多涉及编程、蓝图和动效等工作流程，所以本小节着重介绍地编师。

以下是地编师在Unreal Engine中的主要职责。

1. 关卡设计

地编师负责设计游戏中的关卡，包括关卡布局、地图结构、任务目标、敌人和资产位置等。他们需要确保关卡设计符合游戏的整体目标和玩家预期。

2. 地图创建

地编师使用Unreal Engine的编辑器工具来创建游戏世界中的地图和场景。这包括创建地形，放置建筑、道路、植被和其他环境元素，以及设置光照和效果。

3. 游戏流程设计

地编师需要设计游戏中的流程，包括任务和事件触发，以确保玩家在游戏中有清晰的目标和方向感。

4. 关卡平衡

地编师负责调整关卡的难度和平衡，以确保游戏在整个过程中具有挑战性，且不会过于困难或过于简单。

5. 剧情融合

有时，地编师需要与剧情设计师合作，确保游戏关卡与游戏的剧情融合，以创造连贯的游戏体验。

6. 测试和迭代

地编师需要反复测试关卡，收集反馈，并进行调整和改进，以确保最终的游戏关卡质量。

7. 性能优化

地编师需要关注游戏性能，确保地图和场景的渲染和加载效率，以提供流畅的游戏体验。

8. 多人游戏支持

对于多人游戏，地编师需要确保关卡可以支持多个玩家，并解决多人游戏中的问题和挑战。

总之，地编师在Unreal Engine中的工作是创建游戏中的世界，设计关卡，调整游戏性和平衡，以确保玩家能够获得满意的游戏体验。他们需要与开发团队的其他成员（包括美工、程序员和剧情设计师）密切合作，以实现游戏的成功。

1.2 Unreal Engine 创建工程详解

Unreal Engine创建工程是游戏或应用程序开发的起点。它为开发者提供了有序的项目结构和必要的资源，为整个开发过程奠定了坚实的基础，有助于开发者组织、管理和协作，确保项目的顺利进行和成功交付。

1.2.1 Unreal Engine 创建工程文件

首先下载并安装Unreal Engine，打开Epic Games Launcher [图标]，登录Epic账号，在左侧选项栏中选择【虚幻引擎】选项，随后在右上角单击【启动Unreal Engine 5.2.1】按钮，如图1-14所示。【虚幻编辑器】加载完成后弹出【虚幻项目浏览器】，默认显示【最近打开的项目】，双击即可打开之前创建的项目，如图1-15所示。一般情况下选择【游戏】选项以创建工程文件，【游戏】选项中有很多预设可供选择，单击这些预设，可以在【虚幻项目浏览器】右侧看到预设的详细信息。可以单击创建【空白】项目，如图1-16所示，然后添加预设。

图1-14

图1-15

图1-16

1.2.2 Unreal Engine文件目录详解

在【虚幻项目浏览器】右侧是【项目默认设置】，如图1-17所示。一般默认用【蓝图】来创建项目工程，用【C++】需要一定的编程基础。【目标平台】分为【桌面】和【移动平台】，【桌面】即PC或主机平台，【移动平台】则是指移动设备或平板计算机，这里用【桌面】进行演示。【质量预设】默认为【最大】，勾选【初学者内容包】复选框，可以为我们提供额外的学习资料，【光线追踪】复选框在当前阶段不必勾选。

图1-17

在【虚幻项目浏览器】左下角可以选择创建的【项目位置】。需要注意的是，要指定一个纯英文的路径，尽量放到存储空间比较大的固态盘中，不要放到系统盘里面。右下角则是要创建项目的【项目名称】，如图1-18所示。

图1-18

1.3　Unreal Engine 用户操作界面

Unreal Engine的用户操作界面是直观且功能丰富的，主要包括以下几个核心组件：主编辑器窗口、工具栏、【大纲】窗格、【内容浏览器】、【细节】选项卡等。熟悉并掌握Unreal Engine用户操作界面可以让我们更得心应手地使用Unreal Engine。

1.3.1　Unreal Engine 初始状态

打开新建的工程文件，进入Unreal Engine的初始状态，如图1-19所示，可以看到一个巨大的关卡地图。

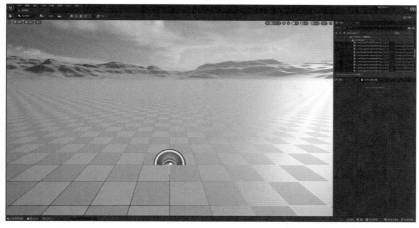

图1-19

1.3.2 主编辑器窗口

在Unreal Engine用户操作界面中，占据视野范围最大的区域就是主编辑器窗口，如图1-20所示。

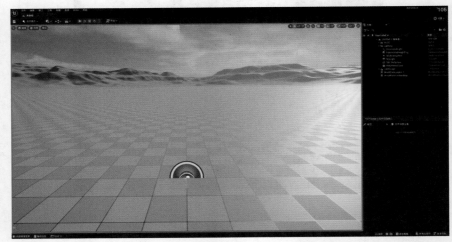

图1-20

1.3.3 工具栏

工具栏（见图1-21）在Unreal Engine界面上方。工具栏中的第1个按钮是【保存】💾，单击该按钮可以快速保存当前的关卡。

图1-21

第2个按钮是【选项模式】 ，单击该按钮可选择当前的操作模式，默认是【选项】模式，如图1-22所示。

图1-22

图1-23

第3个按钮是【快速添加到项目】，单击该按钮可以添加默认的一些资产信息，如光源、形状、过场动画等，如图1-23所示。

第4个按钮是【蓝图列表】，单击该按钮可以设置场景中的一些蓝图内容，如图1-24（a）

所示。

第5个按钮是【关卡序列】  ，单击该按钮可以对场景中的镜头进行设置，如图1-24（b）
所示。

第6个部分是一组按钮 ▶ ▮▶ ▮ ▲ ▋ ，可用于对场景中的蓝图、粒子特效、程序包（第一人称游
戏模式和第三人称游戏模式等）等进行实时运行或暂停等，方便查看实际效果。

最后一个按钮是【平台】  ，主要用于根据实际需求选择相应的平台进行打包，如图1-25
所示。

（a）　　　　　　　（b）

图1-24

图1-25

1.3.4　添加【世界场景设置】

在Unreal Engine的用户操作界面右上角单击【设置】按钮  ，在弹出的列表中可以添加
【世界场景设置】，如图1-26所示。Unreal Engine的用户操作界面中默认没有添加此设置，我们可
以在新建工程后第一时间添加，方便后续调整场景中的设置。

图1-26

1.3.5 【大纲】窗格

在Unreal Engine的用户操作界面右侧上方是【大纲】窗格，如图1-27所示。【大纲】窗格包含了当前环境中的各个模块，它们在【大纲】窗格中有一个统一的名字叫Actor，即一种可放置在世界中或动态生成的对象。

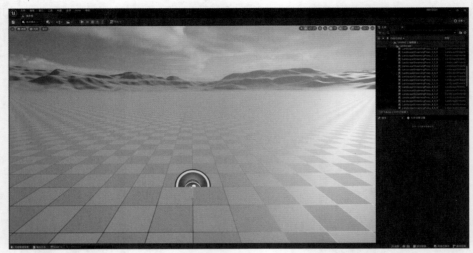

图1-27

1.3.6 【细节】选项卡

在Unreal Engine的用户操作界面右侧下方是【细节】选项卡，如图1-28所示。在【细节】选项卡内可以调整各个模块的常用属性，如【位置】【旋转】【缩放】等，如图1-29所示。可以在视口或【大纲】窗格中选中不同的对象，分别在【细节】选项卡中进行属性调整。

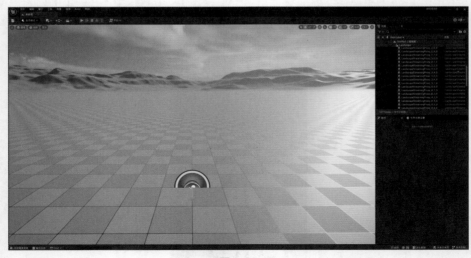

图1-28

图 1-29

1.4 Unreal Engine 视口操作

在 Unreal Engine 中，视口操作是在编辑游戏世界时的常用操作，便于我们查看、编辑和导航虚拟世界。

1.4.1 调整视角

1. 旋转视角

按住鼠标右键并拖动，可以旋转视角，改变观察角度。

2. 移动视角

按住鼠标右键和 W/S/A/D 键，可以在视口中向前/后/左/右移动。

按住鼠标右键和 Q/E 键，可以在视口中向上/下移动。

按住 Alt 键 + 鼠标右键拖动，可以在视口中向前/后移动。

按住Alt键＋鼠标左键拖动，可以在视口中围绕模型旋转视角。

按住鼠标左键拖动，可以在视口中轻微旋转和移动。

滚动鼠标滚轮也可以在视口中轻微旋转和移动。

💡 | 提 | 示 |

将上述操作组合使用，可在视口中自由移动到想要的观察角度。

1.4.2 摄像机移动速度调整

在Unreal Engine视口右上角单击【摄像机】按钮 ，在弹出的界面中可设置摄像机移动速度，如图1-30所示。默认移动速度是1，可以拖动滑块或更改下方数值来改变移动速度，数值越大，移动速度越快。

图1-30

1.4.3 视口工具栏

在Unreal Engine视口左上角和右上角分别有一排视口工具栏。左上角的视口工具栏 主要用于调整当前视口画面的显示效果或观察方式。可以单击 按钮，通过【透视】按钮 、【光照】按钮 、【显示】按钮 来调整视口显示效果，如图1-31所示。右上角的视口工具栏 中主要有【旋转】 、【位移】 、【缩放】 等调整工具。

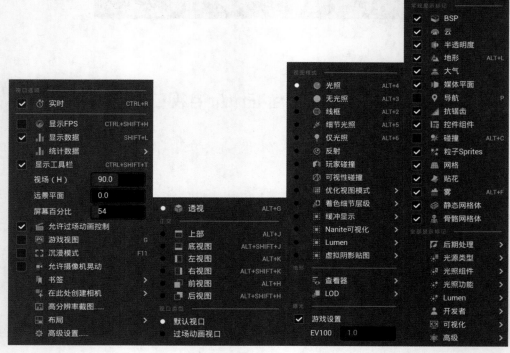

图1-31

1.4.4　世界坐标轴

Unreal Engine视口左下角是【世界坐标轴】，如图1-32所示。在Unreal Engine中，空间坐标系的单位是厘米（cm），且规定x轴正方向为前方，y轴正方向为右方，z轴正方向为上方。【世界坐标轴】显示当前摄像机对着世界空间的方向，当我们想要对当前方向进行判断时，可以依据【世界坐标轴】来确定。

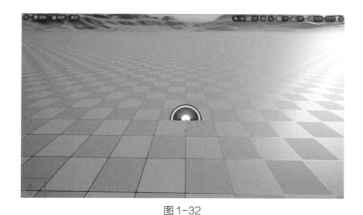

图1-32

1.5　内容浏览器

1.5.1　【内容浏览器】概述

Unreal Engine的【内容浏览器】（Content Browser）是一个关键的工具，用于管理、浏览和组织项目中的各种资产和内容，如图1-33所示。以下是【内容浏览器】的概述。

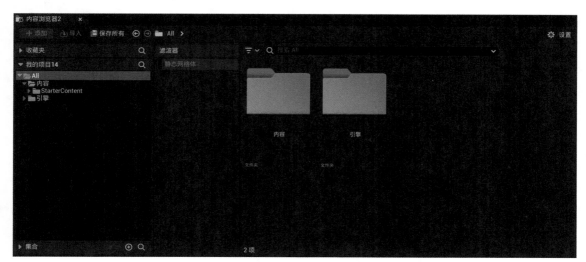

图1-33

1. 资产管理

【内容浏览器】允许用户管理项目中的各种资产，包括贴图、模型、声音、蓝图、材质等。用户可以在其中查找、导入、导出、删除和重命名资产。

2. 资产预览

【内容浏览器】提供资产预览功能，允许用户在不打开资产的情况下查看其内容和外观。这对于快速浏览并选择正确的资产非常有用。

3. 快速搜索

用户可以使用快速搜索功能来查找项目中的资产。这个功能特别有用，尤其是在项目包含大量资产的情况下。

4. 资产导入和导出

【内容浏览器】允许用户将外部资产导入项目，并将项目中的资产导出到外部文件。这有助于与其他工具和软件集成。

总之，Unreal Engine的【内容浏览器】是项目管理和资产组织的核心工具，有助于开发者更好地管理和利用项目中的各种资产和内容。这对于创建高质量的游戏和虚拟世界至关重要。

1.5.2 固定【内容浏览器】

在Unreal Engine的用户操作界面左下角单击【内容侧滑菜单】按钮 ，或按Ctrl+Space组合键，可打开【内容浏览器】。【内容浏览器】的使用频率很高，可以将【内容浏览器】固定在布局中，方便随时调用。单击【内容浏览器】右上角的【停靠在布局中】按钮 ，可将【内容浏览器】固定在用户操作界面中，如图1-34所示。

图1-34

1.5.3　添加【初学者内容包】

默认情况下，【初学者内容包】已经添加到工程中，如果未添加【初学者内容包】，则可以在工程文件中手动添加。首先在【内容浏览器】左侧单击【内容】文件夹，然后单击左上角的【添加】按钮，如图1-35所示，在弹出的列表中选择【添加功能或内容包】选项，如图1-36所示。

图1-35

图1-36

在弹出的对话框中单击【内容】标签，找到【初学者内容包】，单击【添加到项目】按钮，即可将【初学者内容包】添加到工程中，如图1-37所示。

图1-37

1.6 知识拓展

Unreal Engine的多方面优势使其在三维内容创作和应用开发领域脱颖而出。首先，其实时渲染技术让开发者能够立即查看和调整游戏世界的外观和效果，大大提高了创作和迭代效率。其次，Unreal Engine的多平台支持使其适用于各种平台，从PC到主机再到移动设备，确保应用能够覆盖不同的市场。此外，蓝图可视化编程系统让编程变得更易理解，降低了编程门槛，使非专业人士也能够参与创意和逻辑设计。

Unreal Engine还提供了丰富的工具集，如地形系统、光照系统等，可支持开发者创建复杂的游戏和虚拟世界。虚幻商城则为开发者提供了大量的免费和付费资产，如模型、贴图、声音等，可用于加速项目开发并节省时间和成本。此外，强大的Unreal Engine社区为开发者提供了丰富的教程、文档和技术支持，帮助他们解决问题和不断提升技能。

Unreal Engine还采用灵活的许可方式，开发者可以免费使用，只有在项目成功发布后才需要支付一定的版税，这为小型团队和独立开发者提供了更多的机会。综上所述，Unreal Engine凭借其综合性能和开发者友好的特性，成为创建高质量游戏、虚拟现实和增强现实应用的首选引擎之一。

1.7 课后练习：进入第三人称游戏模式

微课视频

在本章的学习中，我们学会了如何创建工程并添加【初学者内容包】，接下来可以运用学到的知识，尝试进入第三人称游戏模式，如图1-38所示。

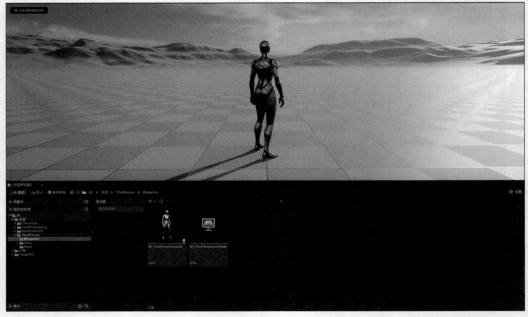

图1-38

关键步骤提示

01 添加【世界场景设置】，在【世界场景设置】的【游戏模式】中选择【BP_ThirdPersonGamellode】，即第三人称游戏模式。

02 在【内容浏览器】中加载【第三人称游戏】内容包。

03 在用户操作界面单击【播放】按钮▶，即可进入第三人称游戏模式。

第2章

放置和操作基础物体

本章将系统介绍在 Unreal Engine 中放置和操作基础物体的方法，包括放置物体，旋转、移动、缩放物体等内容。

本章学习目标

1. 了解怎样放置物体。
2. 熟悉并掌握移动、旋转、缩放物体等基础操作。
3. 学会在实际案例的制作中放置物体。

本章知识结构

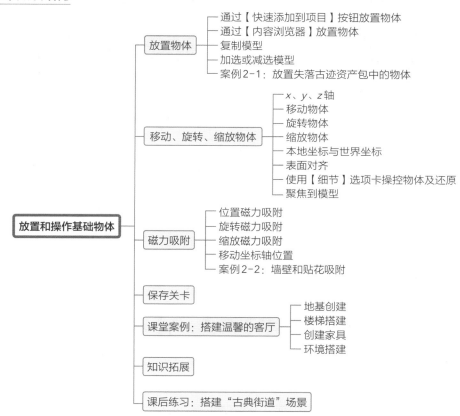

2.1 放置物体

在Unreal Engine中可以通过多种方式进行物体的放置，以便快速搭建场景，包括通过【快速添加到项目】按钮放置物体、通过【内容浏览器】放置物体和复制模型等。

2.1.1 通过【快速添加到项目】按钮放置物体

在工具栏中单击【快速添加到项目】按钮 ，弹出Unreal Engine内置的一些资产信息，如图2-1所示。可以在这里添加需要的资产信息，如光源、形状和视觉效果等，下面以放置一个立方体和一个灯光为例来做演示。

步骤1：打开Unreal Engine，在工具栏中单击【快速添加到项目】按钮，然后选择【形状】选项，如图2-2所示。

图2-1　　　　　　　　　　　　　　　　图2-2

步骤2：选择【立方体】选项，将立方体模型添加到关卡地图中，随后可以拖曳坐标轴将模型移动到指定的位置，如图2-3所示。

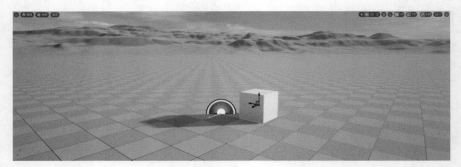

图2-3

步骤3：在工具栏中单击【快速添加到项目】按钮，然后选择【光源】选项，如图2-4所示。

图2-4

步骤4：选择【点光源】选项，将灯光添加到关卡地图中，可以拖曳坐标轴将灯光移动到指定的位置，使其照射到立方体模型，如图2-5所示。

图2-5

2.1.2　通过【内容浏览器】放置物体

打开【内容浏览器】，按Ctrl+Space组合键，在右上角单击【停靠在布局中】按钮 停靠在布局中，使其固定在操作界面中。随后在【内容】文件夹中找到【StarterContent】，在【滤波器】栏中选择【静态网格体】选项 静态网格体，如图2-6所示。

图2-6

从【内容浏览器】中将模型拖曳到关卡地图中，随后可以拖曳坐标轴将模型移动到指定的位置。

2.1.3　复制模型

从【初学者内容包】的【StarterContent】中拖曳一把椅子到关卡地图中，按W键，切换为【位移】模式 ，然后按住Alt键+鼠标左键拖曳模型的坐标轴，在所拖曳的路径上会复制出一个模型。也可以按E键，切换为【旋转】模式 ，然后按住Alt键+鼠标左键对模型进行旋转，在所旋转的路径上会复制出一个模型，如图2-7所示。

图2-7

此外，还可以按Ctrl+C组合键复制模型，按Ctrl+V组合键粘贴模型，通过这种方法复制出的模型会和原模型完全重叠，需要将它们分开才能看到复制出的模型。也可以按Ctrl+D组合键直接复制出一个新模型，使用这种方法复制出的模型会与原模型错开，方便后续进行移动。

💡 提 示

　　按住Alt键+鼠标左键进行复制的操作，只能在【位移】和【旋转】模式下实现，【缩放】模式是不支持这种方法的。

2.1.4 加选或减选模型

通过加选或减选模型可实现对模型的统一操作，例如，将多个模型一起复制、旋转、移动和缩放。按住Shift键，单击模型即可完成加选。需要注意的是，按住Shift键只能加选，不能减选；而按住Ctrl键，单击模型也可以完成加选，再单击同一模型便可以完成减选，因此更推荐大家使用Ctrl键来加选、减选模型。接下来以对椅子的加选、减选操作为例进行演示。

步骤1：从【内容浏览器】中拖曳一把椅子到关卡地图中，按W键，切换为【位移】模式 ▸✛⟳⛶ ，然后按住Alt键+鼠标左键拖曳模型的坐标轴，复制出一个椅子模型。按住Ctrl键，将两个模型同时选中；再按住Alt键+鼠标左键，往相同方向再复制出两把椅子，如图2-8所示。

图2-8

步骤2：按住Ctrl键将4个模型同时选中，随后按住Alt键+鼠标左键拖曳模型的坐标轴，沿z轴复制出4把椅子，如图2-9所示。

图2-9

　　模型在被选中时外轮廓会呈现金黄色，可以此来判断模型是否被选中，如图2-10所示。

图2-10

案例2-1：放置失落古迹资产包中的物体

1. 导入失落古迹资产包

微课视频

　　可以在Bridge或【虚幻商城】中获取自己喜欢的资产包并导入关卡地图中，如图2-11所示（Bridge和【虚幻商城】中的内容不是固定不变的，而是随时更新的）。有关如何获取资产的详情可以查看第3章的内容。

图2-11

2. 放置石柱到关卡地图中

选择导入的资产包文件夹，在【内容浏览器】的【滤波器】栏中选择【静态网格体】选项，查看模型资产，如图2-12和图2-13所示。若没有【静态网格体】选项，则单击【过滤器】按钮
![filter] ，勾选【静态网格体】复选框，然后找到石柱模型并将其拖曳到关卡地图中，调整其位置到场景中的道路一侧，如图2-14所示。

图2-12

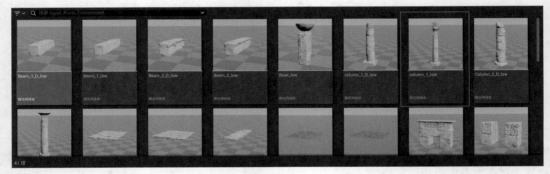

图2-13

图2-14

3. 复制石柱

在场景中选中石柱模型，按W键，切换为【位移】模式 ，然后按住Alt键＋鼠标左键，拖曳模型的坐标轴，对其进行复制。按住Ctrl键，选中两个石柱模型，再复制一次。最后选中4个石柱模型，向道路另一侧拖曳以复制，完成场景搭建，如图2-15所示。

图2-15

2.2 移动、旋转、缩放物体

在Unreal Engine中，移动、旋转、缩放等操作都是基于坐标轴进行的，进行此类操作时要注意坐标轴位置，熟悉磁力吸附功能，提高工作效率。

2.2.1 x、y、z轴

在Unreal Engine中，绿色的坐标轴是y轴，红色的坐标轴是x轴，蓝色的坐标轴是z轴，x轴和y轴在水平方向，z轴在竖直方向，可以以此来判断要移动的轴向，如图2-16所示。

图2-16

2.2.2 移动物体

可以直接沿坐标轴拖曳物体，使其沿单一方向移动。单击坐标轴原点处的白色小圆点可进行自由移动，如图2-17所示。用鼠标中键单击坐标轴原点处的白色小圆点，可改变坐标轴位置，方便进行特殊移动、旋转、缩放。需要注意的是，改变坐标轴位置只能针对单个物体，单击其他物体时，坐标轴便会回到默认位置。

图2-17

> 💡 提 示
>
> 按住Shift键的同时移动物体，视图将保持不变，在特殊场合下使用这种移动方式可以更清楚地观察场景变化。

2.2.3 旋转物体

搭建场景时往往需要调整物体的角度,这时可以按E键,切换为【旋转】模式 ,调整不同坐标轴的旋转角度,达到想要的效果后再放置到场景中,如图2-18所示。

图2-18

2.2.4 缩放物体

需要缩放物体时,按R键,切换为【缩放】模式 。如果要对整体进行缩放,则单击坐标轴原点处的白色小圆点,当坐标轴全部变为黄色后,即可进行整体缩放,如图2-19所示。

在【缩放】模式中可进行单独缩放,即调整一个坐标轴,例如,单独调整物体在x、y、z轴的比例大小,如图2-20所示。

图2-19

图2-20

💡 提 示

在缩放物体时,也可以对不同轴组成的平面进行缩放。当把鼠标指针移动至不同轴组成的连接线上时,连接线变黄,即可对该平面进行缩放。

2.2.5 本地坐标与世界坐标

Unreal Engine中有两种坐标,分别是世界坐标 和本地坐标 ,在右上角的视口工具栏中单击相应图标即可进行坐标切换，如图2-21所示。

图2-21

世界坐标为默认坐标，无论怎么变换模型的朝向，坐标轴方向都不会变，如图2-22所示。本地坐标对应的是模型自身的坐标系，当改变模型的朝向时，坐标轴也会跟着变化，如图2-23所示。当希望模型沿默认坐标轴方向变化时，可以选择世界坐标；如果想要模型沿自身朝向变化，则应切换为本地坐标。选择合适的坐标系能显著提高工作效率。

图2-22

图2-23

2.2.6　表面对齐

Unreal Engine为了方便用户摆放物体，增加了【表面对齐】功能⊛。在右上角的视口工具栏中单击⊛按钮，在弹出界面中勾选【表面对齐】复选框即可开启此功能，如图2-24所示。开启【表面对齐】功能后，在放置物体时会有一种自动吸附的效果，可以将物体沿自身朝向吸附到其他物体上而不会交叉。图2-25为未开启【表面对齐】的效果，图2-26为开启【表面对齐】的效果。

图2-24

图2-25

图2-26

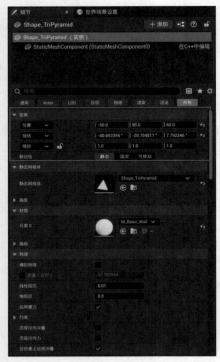

图2-27

2.2.7 使用【细节】选项卡操控物体及还原

除了可以在视口中操控物体，也可以在右侧的【细节】选项卡中变换物体参数或重置为默认参数，在【细节】选项卡下方有一系列变换参数，调整物体的变换参数，可实现更精准的调整，如图2-27所示。

在操作失误时，可以将模型重置为默认参数以便重新操作，这在视口中是很难实现的。直接在【细节】选项卡下方的变换参数后单击【撤回】按钮，即可将对应参数重置为默认参数，如图2-28所示。

图2-28

💡 **提 示**

在【细节】选项卡中不仅可以重置变换参数，还可以重置其他可以调整数值的参数，如【强度】【范围】等一系列参数。在更改参数后会出现【撤回】按钮，单击【撤回】按钮即可重置为默认参数。

2.2.8 聚焦到模型

搭建场景环境时，经常会找不到之前放置的模型，按F键，即可快速在视口中找到模型。

首先在【大纲】模块中找到想要寻找的模型，选中该模型，然后在视口中按F键，即可快速找到该模型，如图2-29所示。

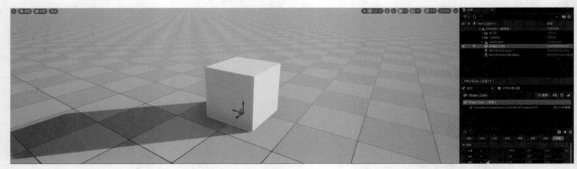

图2-29

2.3　磁力吸附

右上角的视口工具栏中的3个图标分别对应【位置磁力吸附】、【旋转磁力吸附】和【缩放磁力吸附】，可直接更改磁力吸附的数值来简化操作步骤，如图2-30所示。

图2-30

2.3.1　位置磁力吸附

【位置磁力吸附】。左侧图标表示是否开启【位置磁力吸附】，当图标为蓝色时，代表已开启，当图标为灰色时，代表未开启。右侧为【位置磁力吸附】对应的位移数值，当数值为10时，代表在移动模型时最少会移动10个网格点的距离。

开启【位置磁力吸附】后，要更改数值可以单击右侧数值，在弹出的列表中选择需要更改的数值，如图2-31所示。

图2-31

2.3.2　旋转磁力吸附

【旋转磁力吸附】。左侧图标表示是否开启【旋转磁力吸附】，当图标为蓝色时，代表已开启，当图标为灰色时，代表未开启。右侧为【旋转磁力吸附】对应的角度数值，当数值为10°时，代表在旋转模型时最少会旋转10°。

开启【旋转磁力吸附】后，要更改角度可以单击右侧数值，在弹出的列表中选择需要更改的角度数值，如图2-32所示。

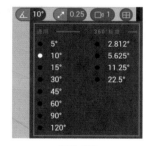

图2-32

2.3.3　缩放磁力吸附

【缩放磁力吸附】。左侧图标表示是否开启【缩放磁力吸附】，当图标为蓝色时，代表已开启，当图标为灰色时，代表未开启。右侧为【缩放磁力吸附】对应的缩放数值，当数值为0.25时，代表在缩放模型时最少会缩放四分之一。

开启【缩放磁力吸附】后，要更改数值可以单击右侧数值，在弹出的列表中选择需要更改的数值，如图2-33所示。

图2-33

2.3.4　移动坐标轴位置

在变换模型时基于模型的坐标轴位置，以坐标轴原点为基准进行移动、旋转、缩放，要随时观察坐标轴所在位置是否合适，判断是否需要改变当前坐标轴位置。下面以更改桌子的坐标轴并旋转桌子为例来做演示。

步骤1：在【内容浏览器】中拖曳桌子到地图关卡中，按E键，切换为【旋转】模式，将桌子沿 x 轴旋转 -90°，如图2-34所示。

图2-34

步骤2：单击模型，在【细节】选项卡的【变换】栏中将 x 轴旋转角度重置为默认参数。在视口中，用鼠标中键单击坐标轴原点处的白色小圆点，将坐标轴拖曳到模型上方，再次将桌子沿 x 轴旋转 -90°，如图2-35所示。可以看到模型的旋转结果并不相同，这就是改变坐标轴位置带来的变化。

图2-35

■ 案例2-2：墙壁和贴花吸附

微课视频

1. 在Bridge中导入墙壁素材和贴花素材

在Bridge中找到自己喜欢的墙壁素材和贴花素材并导入Unreal Engine中，如图2-36和图2-37所示。也可以直接选用【StarterContent】中的素材进行搭建，只要能达到练习效果。

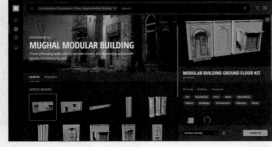

图2-36   图2-37

2. 放置墙壁和贴花

在【内容浏览器】中找到【Megascans】文件夹，单击【过滤器】按钮，在弹出的列表中勾选【材质实例】和【静态网格体】复选框，在【滤波器】栏下选择【材质实例】和【静态网格体】选项，找到下载好的墙壁和贴花，如图2-38所示。

图2-38

在【内容浏览器】中将墙壁拖曳到关卡地图中，按E键，切换到【旋转】模式，打开【旋转磁力吸附】 ，将墙壁旋转到正面；按R键，切换为【缩放】模式，放大墙壁使其撑满视图；再按W键，切换为【位移】模式，将墙壁移动到视图的居中位置，如图2-39所示。

打开【表面对齐】功能 ，在【内容浏览器】中将贴花拖曳到墙壁上，按E键，切换到【旋转】模式，将贴花旋转到合适角度；按R键，切换为【缩放】模式，缩放贴花使其适合墙壁大小，如图2-40所示。

图2-39

图2-40

2.4 保存关卡

在Unreal Engine中保存关卡内容，需要在【内容浏览器】中单击【保存所有】按钮 ，随后在弹出的对话框中单击【保存选中项】按钮 ，如图2-41所示。

在弹出的对话框的左下角为关卡内容命名，然后单击【内容】文件夹，在【内容】文件夹中新建【关卡】文件夹，命名为【Map】，最后单击【保存】按钮即可，如图2-42所示。

💡 提 示

　　在场景搭建过程中要经常单击【保存所有】按钮 ，以免出现计算机死机等情况导致进度丢失。此外，在Unreal Engine中不论是文件夹名称还是模型材质名称都要为英文。

图 2-41

图 2-42

微课视频

2.5 课堂案例：搭建温馨的客厅

在本课堂案例中，将使用 Unreal Engine 来搭建一个温馨的客厅场景。通过【StarterContent】放置各种家具，并运用旋转、移动和缩放等基础操作，打造舒适宜人的客厅环境。通过这个案例实践，希望大家能够更好地掌握 Unreal Engine 的基础技能，并为未来更复杂的场景设计和游戏开发奠定基础。

2.5.1 地基创建

打开 Unreal Engine，按 Ctrl+Space 组合键，弹出【内容浏览器】，在【内容浏览器】右上角单击【停靠在布局中】按钮 停靠在布局中 ，使其固定在操作界面中。随后在【内容】文件夹中找到

【StarterContent】，在【滤波器】栏中选择【静态网格体】选项 ，查看【StarterContent】
模型资产，如图2-43所示。

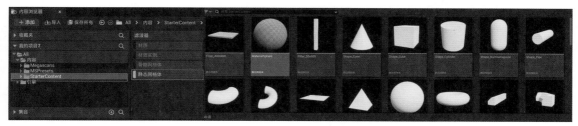

图2-43

拖曳1个立方体到关卡地图中，按R键，切换为【缩放】模式，单击【缩放磁力吸附】图标
右侧的数值 ，在弹出的列表中将缩放数值改为0.1 。沿z轴将立方体压扁，随后把鼠标指
针移动至x轴与y轴的连接线处，将xy平面放大，使该模型成为一个又大又扁平的立方体，当作地
基，如图2-44所示。

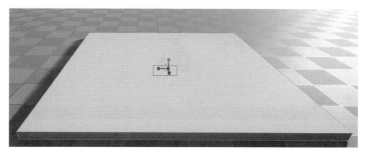

图2-44

2.5.2　楼梯搭建

在【内容浏览器】中找到楼梯模型，将其拖曳到地基侧面，按E键，切换为【旋转】模式，将
楼梯沿z轴旋转90°。按W键，切换为【位移】模式，单击【位置磁力吸附】图标右侧的数值 ，
在弹出的列表中将位移数值改为1 ，移动楼梯，将其对齐地基的侧面，如图2-45所示。

图2-45

按R键，切换为【缩放】模式，将楼梯沿z轴压扁至与地基对齐，如图2-46所示。

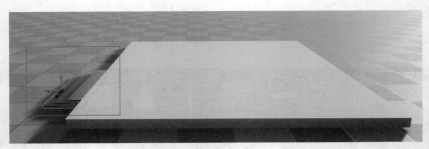

图2-46

2.5.3 创建家具

在【内容浏览器】中找到桌子和椅子模型并将其拖曳到地基上，共1张桌子和3把椅子，将其放置在合适位置，如图2-47所示。

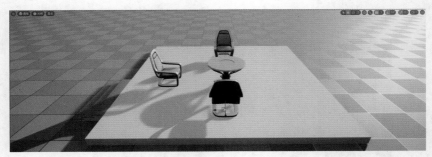

图2-47

在【内容浏览器】中找到沙发模型并将其拖曳到地基上，放置在合适位置。按R键，切换为【缩放】模式，将桌子沿xy平面放大到合适大小，如图2-48所示。

图2-48

添加桌面和地面摆件：拖曳雕像模型到桌子上，再拖曳1个带有倒角的圆柱体到地基上面，随后找到树叶模型将其拖曳至圆柱体上，组成花盆。按住Ctrl键，将圆柱体模型和树叶模型都选中，按R键，切换为【缩放】模式，将花盆缩小到合适大小，再重新对齐地基，如图2-49所示。

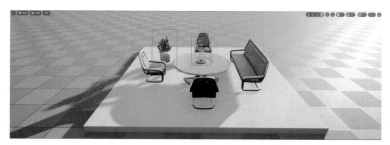

图2-49

2.5.4　环境搭建

1．搭建墙壁

在【内容浏览器】中找到带有窗户的墙壁模型，将其拖曳至地基上，放置在客厅后方，调整【位置磁力吸附】参数和【缩放磁力吸附】参数，使其适合地基大小。再拖曳1个没有窗户的墙壁到地基上，放置在客厅侧面，调整至适合的地基大小。随后按住Alt键，拖曳坐标轴复制一个侧面墙壁到地基另一侧，如图2-50所示。

图2-50

2．布置环境

在【内容浏览器】中找到墙壁挂灯模型，拖曳至墙壁上，调整至合适位置。按住Alt键，拖曳坐标轴沿墙壁方向复制3次。再按住Ctrl键，选中这4个墙壁挂灯，按Ctrl+D组合键，复制出4个相同的墙壁挂灯，放置于另一侧墙壁上，如图2-51所示。

图2-51

最后放置1个保险柜模型在地基上，调整至合适位置，如图2-52所示。在【内容浏览器】中单击【保存所有】按钮 ![保存所有]，为关卡地图命名并将其保存。

图2-52

2.6 知识拓展

Unreal Engine中的坐标轴z轴是竖向的，x轴和y轴则是平面上的，这与传统数字内容创作（Digital Content Creation，DCC）软件并不完全相同，像3ds Max和Blender软件中的z轴也是竖向的，但Cinema 4D和MAYA软件中的竖向坐标轴却是y轴，在使用这些软件时要注意区分。

放置模型时，按End键，可以将模型快速对齐到地面。

2.7 课后练习：搭建"古典街道"场景

微课视频

在上面的课堂案例中，我们通过【StarterContent】搭建了一个客厅，熟悉并掌握了基础操作，包括旋转、移动和缩放等，接下来可以运用学到的知识，尝试独立搭建场景。

利用所学知识，参考场景效果图（见图2-53），搭建"古典街道"场景，本练习可以忽略打光和夜晚氛围的营造，将重点放在街道场景的搭建上。

图2-53

关键步骤提示

01 在Bridge或【虚幻商城】中寻找合适的素材和资产包，将其导入Unreal Engine中。

02 缩放模型，使其适合场景。

03 利用磁力吸附和【表面对齐】功能，以提高工作效率。

第3章

获取和导入资产

本章将深入探讨获取和导入各种资产到 Unreal
Engine 中的方法，包括常规 DCC 三维软件资产、
常规贴图资产，以及从【虚幻商城】或 Bridge 等
渠道获取的资产包。还将探讨资产迁移，为项目
的资产管理提供详细指导。

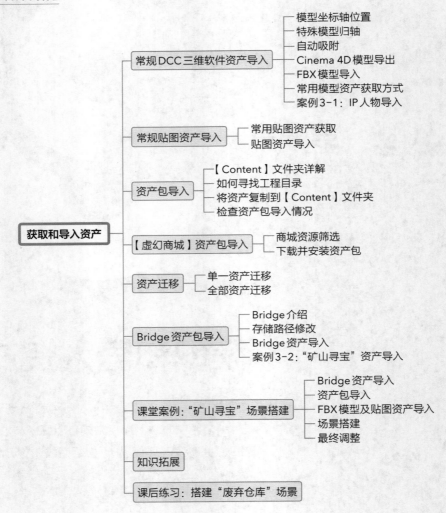

本章学习目标

1. 将常规模型及贴图导入Unreal Engine。
2. 将各类资产包导入Unreal Engine。
3. 将利用资产进行简单场景的搭建。

本章知识结构

3.1 常规DCC三维软件资产导入

在本节中，我们将学习如何将常规DCC三维软件中的FBX模型导入Unreal Engine，并了解获取常用模型资产的方法。

3.1.1 模型坐标轴位置

这里以Cinema 4D为例，讲解如何将常规DCC三维软件中的坐标轴归轴。

首先用Cinema 4D打开要导出的模型，如图3-1所示。确认模型坐标轴原点是否在(0，0，0)点，如果坐标轴位置有误，就要通过单独移动坐标轴位置来归轴到世界坐标轴。在归轴后，最好让坐标轴原点在模型自身中心底部，如果既处于自身中心底部，又处于世界坐标轴原点，那么在Unreal Engine中进行拖曳或更改模型参数会变得非常方便。

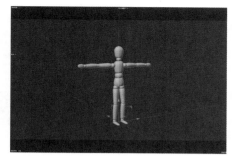

图3-1

3.1.2 特殊模型归轴

常规DCC三维软件中的模型的坐标轴默认是不在自身中心底部的，如Cinema 4D的默认坐标轴在模型中心位置，所以在导出模型时要进行归轴。这里以特殊模型"人偶"为例，正常情况下，特殊模型因为坐标轴居中会处在世界的中间位置，如图3-2所示。

步骤1：将模型放到世界中，让模型垂直于世界水平面，如图3-3所示。

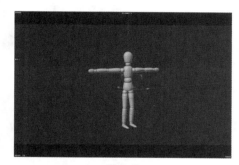

图3-2

步骤2：移动坐标轴，将坐标轴原点对齐世界坐标轴原点，使其坐标轴位置与Unreal Engine中的一致，方便进行后续操作，如图3-4所示。

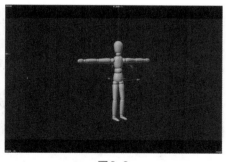

图3-3

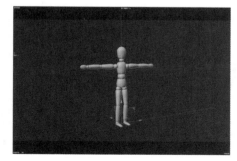

图3-4

3.1.3 自动吸附

在Unreal Engine中，默认坐标轴位置在模型自身中心底部，但是也有例外，如地板和墙面这种需要拼贴的模型坐标轴往往位于边角处，方便进行拼贴，如图3-5所示。

移动这类模型时，可以在按住V键的同时拖曳坐标轴，模型会自动吸附到其他模型边缘。单击左侧模型，按住V键的同时向右拖曳y轴，模型便会自动吸附到右侧模型边缘并对齐，如图3-6和图3-7所示。

图3-5

图3-6

图3-7

💡 提 示

　　在常规DCC三维软件中归轴时，也要将地板和墙面这类模型的坐标轴归轴到边角处，使其在导入Unreal Engine后方便进行后续操作。

3.1.4　Cinema 4D模型导出

　　模型坐标轴归轴后，在Cinema 4D左上角打开【文件】菜单，选择【导出】→【FBX（*.fbx）】命令，如图3-8所示。

　　在弹出的【保存文件】对话框中选择要保存的路径，更改【文件名】后单击【保存】按钮即可导出FBX模型，如图3-9所示。

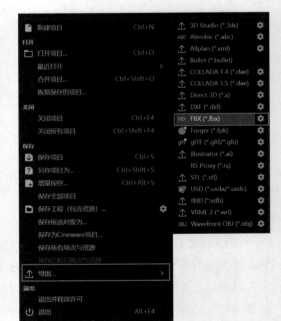

图3-8

图3-9

> **提　示**
>
> 在 Cinema 4D 中，默认朝上的轴为 y 轴，但是导出 FBX 模型后再导入 Unreal Engine 中，朝上的轴会自动更改为 z 轴，在使用其他 DCC 三维软件导出模型时要注意是否要更改朝上的轴。

3.1.5　FBX模型导入

1. 在【内容浏览器】中创建文件夹

首先打开 Unreal Engine，按 Ctrl+Space 组合键，打开【内容浏览器】，将其停靠在布局中，然后在【内容浏览器】左侧单击【内容】文件夹，在【内容】文件夹中的空白处右击，在弹出的快捷菜单中选择【新建文件夹】命令，如图3-10所示。随后将文件夹命名为【FBX】，方便后续导入模型，如图3-11所示。

图3-10

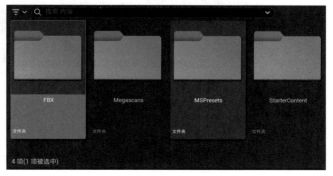

图3-11

图3-12

2. FBX模型导入

打开FBX模型所在的文件夹，将FBX模型拖曳到刚刚创建的【FBX】文件夹中，弹出【FBX导入选项】对话框，如图3-12所示。勾选【编译Nanite】【合并网格体】复选框，随后单击【导入所有】按钮，编译完成后，模型即可导入Unreal Engine中，如图3-13所示。

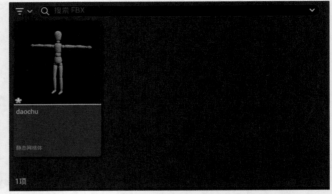

图3-13

3. 拖曳FBX模型到关卡地图中

在【内容浏览器】中将导入的模型拖曳到关卡地图中，可以看到模型坐标轴与Unreal Engine默认坐标轴位置相同，都处于自身中心底部，模型导入成功，如图3-14所示。

图3-14

3.1.6 常用模型资产获取方式

通常情况下，我们会使用其他DCC三维软件来创建模型，再导入Unreal Engine中，也可以直接在各类模型网站下载模型并导入Unreal Engine中，这里推荐大家去Sketchfab官网、Free3D官网、Poly Haven官网和Three D Scans官网等网站下载免费模型或付费模型使用。

■■■ **案例3-1：IP人物导入** ────────────────────

1. 将IP人物导出为FBX模型

打开Cinema 4D中IP人物的工程文件，如图3-15所示。在Cinema 4D左上角打开【文件】菜单，选择【导出】→【FBX（*.fbx）】命令，在弹出的【保存文件】对话框中选择要保存的路径，更改【文件名】为【IP】，单击【保存】按钮即可导出FBX模型，如图3-16所示。

图3-15

图3-16

2. 将IP人物导入Unreal Engine

打开Unreal Engine，按Ctrl+Space组合键，打开【内容浏览器】，将其停靠在布局中，然后在【内容浏览器】左侧单击【内容】文件夹，在【内容】文件夹中的空白处右击，在弹出的快捷菜单中选择【新建文件夹】命令，随后将文件夹命名为【IP】，方便后续导入IP人物模型，如图3-17所示。

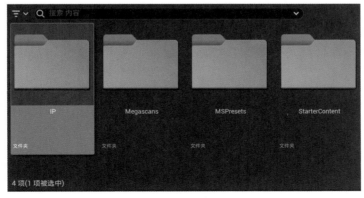

图3-17

打开IP人物模型所在的文件夹，将IP人物模型拖曳到刚刚创建的【IP】文件夹中，弹出【FBX导入选项】对话框。勾选【编译Nanite】【合并网格体】复选框，随后单击【导入所有】按钮，编译完成后，模型即可导入Unreal Engine中，如图3-18所示。

3. 拖曳IP人物到关卡地图中

在【内容浏览器】中将导入的IP人物模型拖曳到关卡地图中，如图3-19所示。

图3-18

图3-19

3.2 常规贴图资产导入

本节将探讨常规贴图资产的获取方法，以及如何正确设置导入这些贴图资产到Unreal Engine中的配置选项，以确保最佳的贴图资产导入效果。

3.2.1 常用贴图资产获取

可以到Poly Haven官网获取相关的贴图资产，将其下载到指定文件夹中。下载好的贴图资产呈现为"压缩包"的格式，如图3-20所示，要将其解压缩，以便顺利导入这些贴图资产，确保它们在项目中得到有效利用。

图3-20

使用Substance 3D Painter制作出的贴图也可以直接导入Unreal Engine中，如图3-21所示。也可以根据自身情况从其他渠道获取适合自己的贴图，然后导入Unreal Engine中使用。

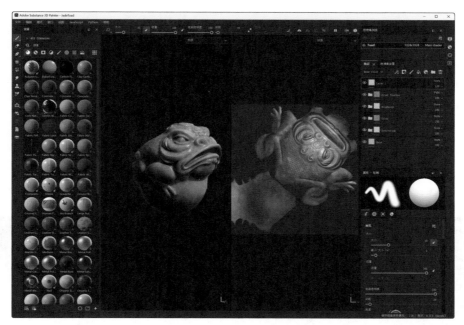

图3-21

3.2.2 贴图资产导入

1. 新建贴图文件夹

在Unreal Engine中打开【内容浏览器】，在【内容】文件夹中的空白处右击，在打开的快捷菜单中选择【新建文件夹】命令，将新建文件夹重命名为【Texture】，如图3-22所示。

图3-22

2. 贴图导入

打开【内容浏览器】中的【Texture】文件夹，再选中要导入的所有贴图，如图3-23所示，直接将贴图拖曳到【内容浏览器】中的【Texture】文件夹中即可，如图3-24所示。

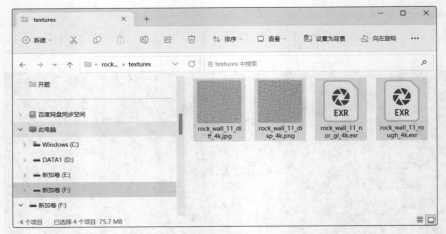

图3-23

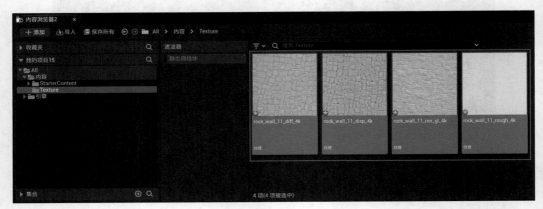

图3-24

3. 保存所有

观察刚刚导入的贴图文件，发现每张贴图左下角都有一个"星号"图标，如图3-25所示。这是因为贴图虽然已经置入Unreal Engine中，也可正常使用，但是并没有保存到工程文件中，这时候就需要在【内容浏览器】中单击【保存所有】按钮，随后在弹出的对话框中单击【保存选中项】按钮。当"星号"消失后，便代表贴图已经保存到工程文件中，如图3-26所示。

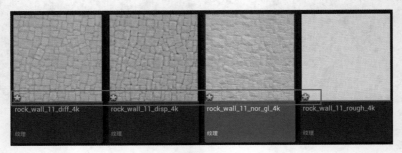

图3-25

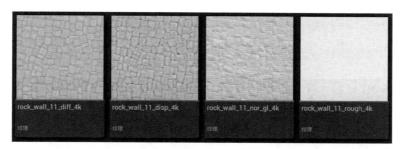

图3-26

3.3 资产包导入

本节将解析Unreal Engine中的【Content】文件夹，提供指南以查找工程目录，并详细说明如何将资产包中的资产复制到【Content】文件夹中。此外，还将介绍如何仔细检查资产包的导入情况，以确保导入的资产在项目中得到正确处理和管理。

3.3.1 【Content】文件夹详解

【Content】文件夹是指【内容浏览器】中的【内容】文件夹，右击【内容】文件夹，在打开的快捷菜单中选择【在浏览器中显示】命令，即可打开【Content】文件夹；也可找到工程文件夹所在位置，双击，找到【Content】文件夹。这种方法与在【内容浏览器】中打开【Content】文件夹都是可行的，如图3-27所示。

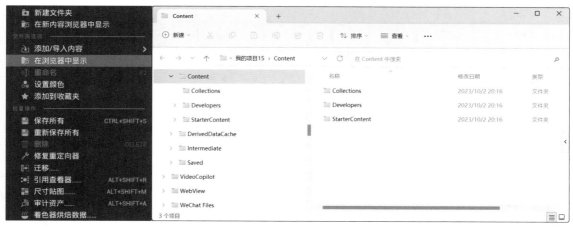

图3-27

💡 **提 示**

需要注意的是，【Content】文件夹属于工程的基本文件夹，大部分资产都是存放在【Content】文件夹中的，工程文件夹中不能同时出现两个名为Content的文件夹，【Content】文件夹中同样不能有名为Content的文件夹，否则在读取文件时可能会出现错误。

3.3.2 如何寻找工程目录

在【虚幻项目浏览器】左下角的【项目位置】栏中，可进行工程目录查找，如图3-28所示。

图3-28

3.3.3 将资产复制到【Content】文件夹

获取一个资产包后，该怎么将资产包导入【Content】文件夹当中呢？例如，有一个【jianzhu】资产包，打开【jianzhu】资产包，确认里面的子文件夹有【Maps】和【Textures】等，没有【Content】文件夹，如图3-29所示。直接复制整个【jianzhu】文件夹，粘贴到需要导入资产的【Content】文件夹中即可，如图3-30所示。

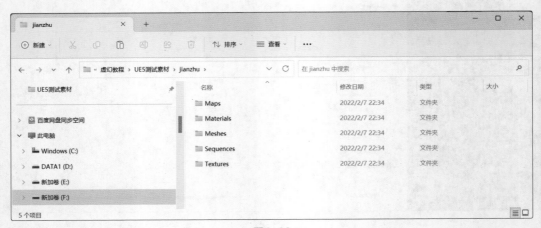

图3-29

如果获取的是整个工程文件，则可以找到工程文件下的【Content】文件夹，直接复制该【Content】文件夹，与需要导入资产的【Content】文件夹合并。

将资产包复制到【Content】文件夹后，即可在Unreal Engine的【内容浏览器】中找到刚刚导入的资产包，如图3-31所示。

图3-30

图3-31

3.3.4　检查资产包导入情况

在【内容浏览器】中单击刚刚导入的资产包【jianzhu】，查看子文件夹是否正常导入，如图3-32所示。随后在【滤波器】栏中选择【静态网格体】选项，查看资产包导入情况。图3-33代表资产包成功导入。

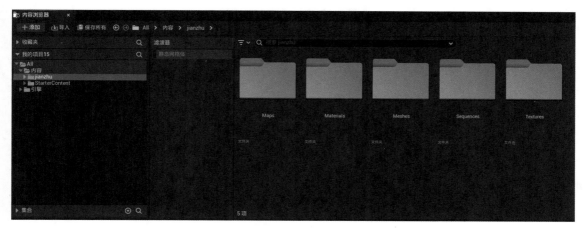

图3-32

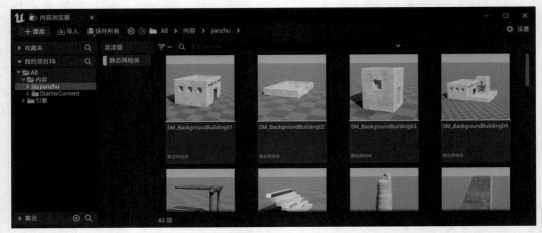

图3-33

3.4 【虚幻商城】资产包导入

本节将详细介绍如何从【虚幻商城】获取资产包。首先探讨如何使用商城资源筛选功能快速找到所需的资产。接下来演示如何下载和安装这些资产包，确保它们可以在 Unreal Engine 中使用。这将有助于扩展项目的内容库，提高开发效率和质量。

3.4.1 商城资源筛选

打开 Epic Games Launcher，登录账号，在上方导航栏中单击【虚幻商城】选项卡，如图3-34所示。进入【虚幻商城】（见图3-35）以后，需要对下载的资产包进行筛选，方便快速找到想要的。

图3-34

图3-35

这里演示如何在【虚幻商城】下载免费资产包。首先单击【免费】按钮，随后在弹出的列表中选择免费资产包类型，如图3-36所示。以【本月免费】为例，【虚幻商城】每月会限时推出部分免费资产包供用户学习并下载，可以定期查看是否有需要的资产包，及时下载到自己的工程文件中。选择【本月免费】选项，即可加载出本月可免费下载的资产包，如图3-37所示。

图3-36

图3-37

3.4.2　下载并安装资产包

以【Safe House】这个免费资产包为例，演示如何将该资产包导入工程文件。首先单击【Safe House】资产，在弹出的界面中单击【现在购买】按钮。购买完成后返回上一界面，出现【添加到工程】按钮，如图3-38所示。此时单击【添加到工程】按钮，选择想要导入的工程文件，如图3-39（a）所示。最后等待资产包下载并安装即可，如图3-39（b）所示。

图3-38

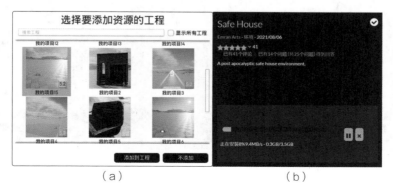

（a）　　　　　　　　　　　　　　（b）

图3-39

资产包安装完成后，就可以在【内容浏览器】中找到，如图3-40所示。

图3-40

3.5 资产迁移

本节将学习如何进行资产迁移，包括关卡中的单一资产迁移和全部资产迁移。这将帮助我们在不同项目或关卡之间有效地重复使用和管理资产，提高工作效率和资产管理能力。

3.5.1 单一资产迁移

想要将该水桶迁移到其他工程文件中，先将其选中，如图3-41所示。

在【细节】选项卡的【静态网格体】栏中单击【检索】按钮，然后就可以在【内容浏览器】的预览窗口看到检索的对象，如图3-42所示。

图3-41

图3-42

在【内容浏览器】的预览窗口中右击想要迁移的对象，随后在打开的快捷菜单中选择【资产操作】→【迁移】命令，如图3-43所示。选择目标内容文件夹为【Content】文件夹即可，如图3-44所示。

图3-43　　　　　　　　　　　　　　　　　　图3-44

3.5.2　全部资产迁移

想要在工程中直接迁移全部资产，可以在【内容浏览器】中找到想要迁移的文件夹，例如，迁移【Safe House】资产包。右击【Safe House】文件夹，然后在打开的快捷菜单中选择【迁移】命令，选择目标内容文件夹为【Content】文件夹即可，如图3-45所示。

图3-45

3.6 Bridge 资产包导入

本节将研究如何使用Bridge（一个资产管理工具）来获取资产包，并了解Bridge的特点和功能。我们还将学习如何修改存储路径，以及如何将Bridge资产导入Unreal Engine中，以丰富项目的资产库和提高创作效率。

3.6.1 Bridge介绍

Bridge是由Quixel开发的资产管理和浏览工具，旨在帮助游戏和虚拟现实开发者获取、管理和集成高质量的三维模型、纹理和其他数字内容。Bridge的主要特点和功能如下。

资产获取：Bridge允许用户浏览和获取高质量的三维模型、纹理、材质等数字内容，包括Quixel Megascans等资产库中的内容。

资产管理：用户可以使用Bridge来管理和组织所下载的资产，以便轻松地在项目中使用。

集成性能：Bridge支持与多个主流三维软件和游戏引擎集成，如Unreal Engine、Unity等，以便无缝地将资产导入项目中。

搜索和筛选：Bridge提供了强大的搜索和筛选功能，以帮助用户快速找到所需的资产。

工作流程优化：Bridge旨在提高数字创作者和游戏开发者的工作效率，减少资产管理和导入的烦琐工作，从而加速项目开发。

3.6.2 存储路径修改

在下载【Quixel Bridge】资产库中的资产前，需要对资产的存储路径进行修改，将资产存储到可用空间较大的磁盘中，以免造成计算机卡顿等问题。首先在界面右上角单击【我】按钮◎，在弹出的列表中选择【PREFERENCES】选项，弹出修改存储路径对话框。在【Library Path】栏中更改要存储的位置，再单击【SAVE】按钮即可，如图3-46所示。

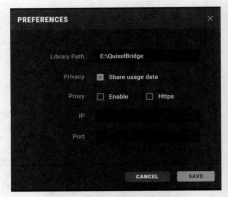

图3-46

3.6.3 Bridge资产导入

如何将【Quixel Bridge】资产库中的资产下载并导入Unreal Engine中呢？首先在【Quixel Bridge】资产库中找到想要导入的资产，如图3-47所示。可以直接单击资产右上角的【下载】按钮◙，也可以单击资产查看详情，如图3-48所示，在右侧查看详情界面中单击【Download】按钮下载。资产下载成功后，单击【Add】按钮即可将资产添加到已打开的Unreal Engine工程文件中，如图3-49所示。

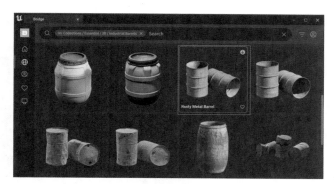

图3-47

图3-48

图3-49

　　当【Quixel Bridge】资产库中的资产成功
导入Unreal Engine后,【内容】文件夹中会新
建两个文件夹,用来存储【Quixel Bridge】资
产库中的资产,分别是【Megascans】文件夹
和【MSPresets】文件夹,如图3-50所示,导
入资产以后,可以直接在这两个文件夹中寻找
【Quixel Bridge】资产库中的资产。

图3-50

案例3-2:"矿山寻宝"资产导入

微课视频

1. 筛选合适资产

打开【Quixel Bridge】资产库,在左侧的导航栏中单击【收集】选项卡⊕,在选项卡中找到符合"矿山寻宝"主题的资产并打开,如图3-51所示。

2. 下载并导入资产

在符合主题的资产库中可以发现搭建该主题场景所需的所有资产,挑选合适资产进行下载即可,如图3-52所示。

图3-51

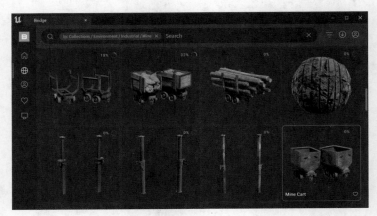
图3-52

最后在【Quixel Bridge】资产库左侧的导航栏中单击【计算机】选项卡🖥,可查看已下载的所有资产,如图3-53所示,再单击每个资产右上角的【添加】按钮⊕即可将资产导入Unreal Engine工程文件中,如图3-54所示。

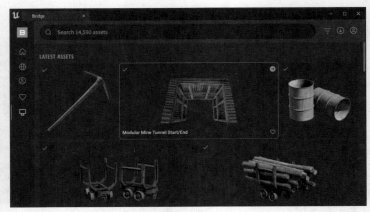
图3-53

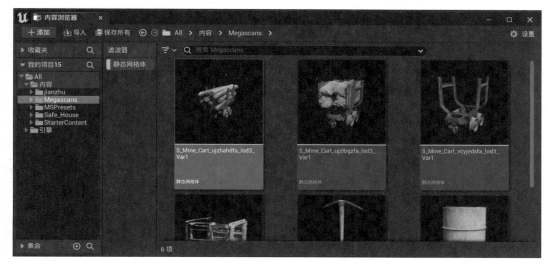

图3-54

微课视频

3.7 课堂案例："矿山寻宝"场景搭建

在本课堂案例中，将使用Unreal Engine来搭建"矿山寻宝"场景。在这个过程中，将运用本章学到的知识，包括导入Bridge相关资产、FBX模型、贴图资产以及【虚幻商城】中的资产等。使用这些多样的资产来搭建一个引人入胜的游戏场景，展示如何在Unreal Engine中有效整合和利用各种资产，以创造出精彩的虚拟场景。

3.7.1 Bridge资产导入

打开【Quixel Bridge】资产库，在左侧的导航栏中单击【收集】选项卡⊕，在选项卡中找到符合"矿山寻宝"主题的资产（见图3-55），下载并将其导入工程文件中。

图3-55

3.7.2 资产包导入

根据3.3节所讲的资产包导入内容，将下载好的相关资产包复制到【Content】文件夹，将【Mineshaft】文件夹直接复制到【Content】文件夹中即可，如图3-56所示。

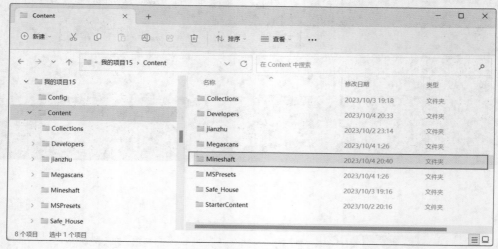

图3-56

3.7.3 FBX模型及贴图资产导入

在模型网站下载好所需的模型及贴图资产后，在【内容浏览器】中新建文件夹，重命名为【FBX】，如图3-57所示。随后将下载好的FBX模型及贴图资产直接拖曳到【FBX】文件夹中即可，如图3-58所示。

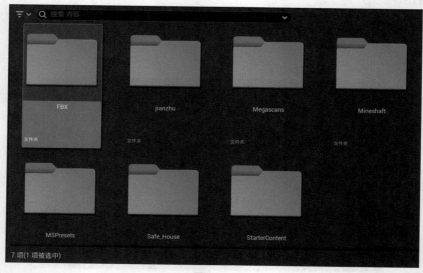

图3-57

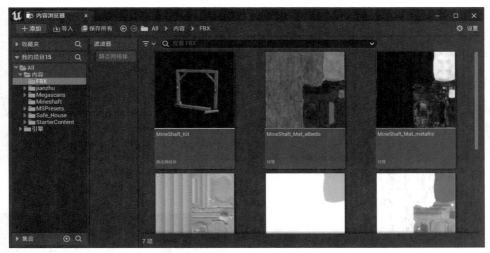

图3-58

3.7.4 场景搭建

1. 搭建场景框架

利用石块和墙壁搭建矿洞，再利用地面拼接出铁轨凹槽，如图3-59所示。

2. 放置木桩

将导入的木桩放置到矿洞里面，排列整齐，随后用木头将木桩连接在一起，错开放置，使其布满整个矿洞，如图3-60所示。

图3-59

图3-60

3. 放置铁轨和矿灯

沿地面凹槽放置铁轨，使其布满整个矿洞，如图3-61所示；随后在矿洞上方放置矿灯，间隔一定距离按规律放置。

4. 放置矿车并完善场景

现在已经搭建好了场景环境，接下来放置主体物矿车，然后完善整个场景即可。可以根据个人喜好加入相关资产，如挖矿工具、水桶、碎石子、凳子等，如图3-62所示。

图3-61

图3-62

3.7.5 最终调整

搭建好场景后可以做最终调整，例如，检查模型位置是否正确、模型是否穿模，最后补充一点细节完成搭建。这里经过调整后又为场景添加了管道等资产，丰富了整个场景中的元素，如图3-63所示。

图3-63

3.8 知识拓展

将资产包复制到【Content】文件夹中、从【虚幻商城】直接下载资产包、从【Quixel Bridge】资产库导入资产到工程文件、通过迁移得到资产后，都可以在【内容浏览器】中右击相应文件夹，在打开的快捷菜单中选择【修复重定向器】命令，帮助我们检查资产是否存在修复贴图不全等问题，如图3-64所示。

图3-64

3.9 课后练习：搭建"废弃仓库"场景

微课视频

在本章的课堂案例中，我们通过导入各种资产包搭建了"矿山寻宝"场景，熟悉并掌握了如何将资产包复制到【Content】文件夹中，以及【虚幻商城】资产包和【Quixel Bridge】资产包的导入方法等。接下来可以运用所学的知识，尝试独立搭建场景。

本章的课后练习是搭建一个名为"废弃仓库"的场景，场景效果如图3-65所示。在这个练习中，我们将运用在本章学到的知识来搭建"废弃仓库"场景。这将帮助我们巩固在资产获取和导入方面的知识，并尝试将这些资产有效地组合在一起，以实现所需的场景效果。

图3-65

关键步骤提示

01 在Bridge或【虚幻商城】中寻找合适的主题资产包，将其导入Unreal Engine中。

02 获取FBX模型资产，并将其导入Unreal Engine中。

第 4 章

材质基础认知

本章将介绍材质基础，包括材质的创建、材质编辑器界面概述、常用的材质节点，以及贴图的种类。还会深入研究如何在材质中进行基础参数调节，为创建逼真的虚拟世界奠定坚实的基础。本章将帮助我们理解材质的核心概念和工作原理，为后续的材质设计和渲染提供基础知识。

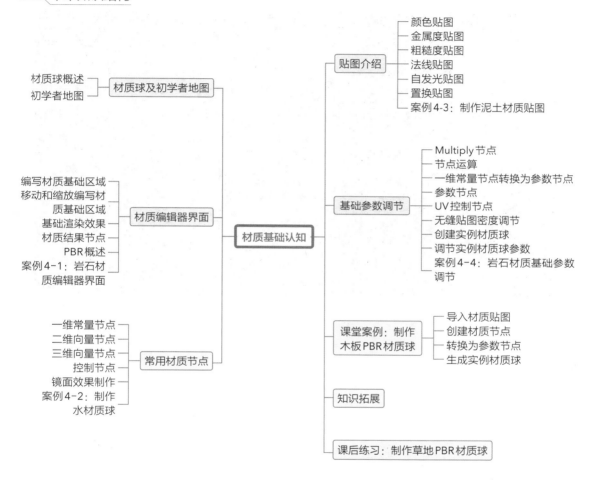

本章学习目标

1. 理解材质的基本概念和创建过程，能够创建基础材质。
2. 熟悉 Unreal Engine 的材质编辑器界面，掌握常用材质节点的使用方法。
3. 掌握贴图的种类和使用方法，能够调节材质的基础参数，以实现所需的视觉效果。

本章知识结构

4.1 材质球及初学者地图

在这一节中，我们将学习材质球的概念和作用，以便更好地理解 Unreal Engine 中的材质系统。接着将学习【初学者地图】，这是一个用于实际练习和学习材质创建的虚拟地图环境。通过这两个重要方面的学习，我们将迈出创建材质的第一步。

4.1.1 材质球概述

材质球是Unreal Engine中的一个重要概念，如图4-1所示。一个材质球代表一个具体的材质，可以包含多个贴图、参数和节点，用于定义物体的外观和表面特性。用户可利用材质球实时预览材质效果，并通过调整参数和节点来修改材质，以实现所需的视觉效果。材质球在游戏开发、虚拟现实和影视制作中都扮演着关键的角色，帮助艺术家和设计师创建逼真的图形效果。

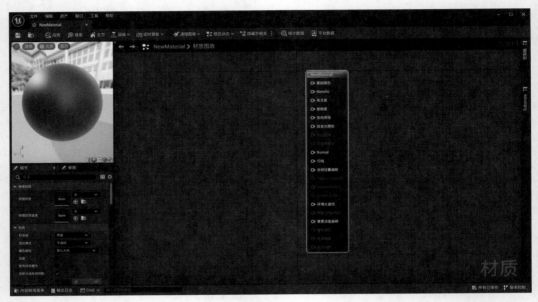

图4-1

4.1.2 初学者地图

【初学者地图】是Unreal Engine中的一个特殊场景或环境，旨在帮助新手学习和练习材质创建以及其他功能，如图4-2所示。这个地图通常包含各种教育元素和示例，以便用户在其中实际操作，尝试不同的材质创建技巧。【初学者地图】为新用户提供了一个安全的实践场所，使他们可以掌握Unreal Engine中材质编辑器的基础知识，从而更好地应用于实际项目中。它通常包括教程、示例材质、练习场景和工具提示，旨在提升用户的学习效率，使其能够轻松地创建和编辑材质。

图4-2

要打开【初学者地图】，可以打开【文件】菜单，选择【打
开关卡】命令，如图4-3所示。在【打开关卡】窗口中打开
【内容】文件夹，找到【StarterContent】文件夹并双击，在
【StarterContent】文件夹中找到【Maps】文件夹，也就是地
图文件夹，双击，找到【StarterMap】关卡并打开，如图4-4
所示。

图4-3

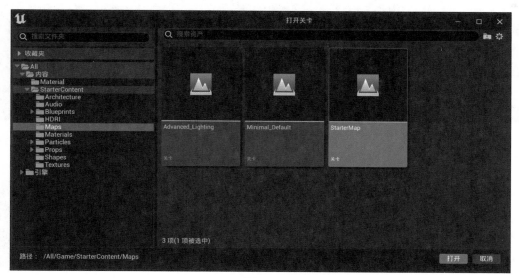

图4-4

4.2 材质编辑器界面

本节将深入介绍Unreal Engine的材质编辑器界面，包括编写材质基础区域、移动和缩放编
写材质基础区域。此外，还将介绍基础渲染效果、材质结果节点以及PBR（Physically Based
Rendering，基于物理的渲染）的基本概念。这将帮助用户更好地理解和利用材质编辑工具，以创
造出高质量的虚拟视觉效果。

4.2.1 编写材质基础区域

找到材质球，双击材质球即可进入材质编辑器界面。在材质编辑器界面中，最大的一个视口
便是编写材质基础区域，如图4-5所示。

图4-5

4.2.2 移动和缩放编写材质基础区域

在编写材质基础区域中按住鼠标右键，可将鼠标指针变成抓手，以移动编写材质基础区域，如图4-6所示。滚动鼠标滚轮可以改变编写材质基础区域的大小。

图4-6

4.2.3 基础渲染效果

在材质编辑器界面左上角的预览窗口中可以看到材质球的基础渲染效果，如图4-7所示。因为当前材质球没有加任何节点和贴图，所以会表现出一种类似塑料的效果。没有对材质球进行编辑时，它的节点也会有一些基础的数值。

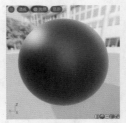

图4-7

4.2.4 材质结果节点

材质编辑器界面左下角是材质的【细节】选项卡，在这里可调整材质的参数，如图4-8所示。编写材质基础区域中的默认节点是材质结果节点（NewMaterial），如图4-9所示。我们需要将一些贴图或是自己制作的材质效果输出到材质结果节点中，再通过左上角的预览窗口查看基础渲染效果。

图 4-8　　　　　　　　　　　　　　　　　　　　图 4-9

4.2.5　PBR 概述

PBR 是一种渲染技术，旨在模拟物理世界中光线与材质的相互作用，以产生更逼真的图形效果。PBR 考虑了光学现象，包括反射、折射、漫反射和镜面反射等，以准确呈现不同材质的外观和反射行为。

PBR 的主要特点如下。

遵守能量守恒：PBR 确保了光在反射和折射时的能量守恒，使得光照在材质表面更加真实。

微表面模型：PBR 使用微表面模型来描述表面的微小几何特征，这有助于模拟不同材质的粗糙度和光泽度。

标准化材质参数：PBR 引入了一组标准化的材质参数，如反照率、粗糙度和金属度，更容易实现不同材质的渲染。

逼真的光照：PBR 能模拟不同类型光源（直射光、环境光等）的影响，使光照更逼真。

总之，PBR 技术通过结合物理学知识，提供了更加真实的渲染效果，使虚拟世界中的材质看起来更接近真实世界。这种渲染技术在游戏开发、电影制作和虚拟现实等领域得到广泛应用，提高了视觉效果的质量和逼真度。

微课视频

案例 4-1：岩石材质编辑器界面

在【内容浏览器】中找到【StarterContent】文件夹，随后单击【过滤器】按钮 ，在弹出的列表中勾选【材质】复选框，在【滤波器】栏中选择【材质】选项，如图 4-10 所示。在【内容浏览器】的预览窗口中找到

图 4-10

岩石材质并双击打开，如图4-11所示。

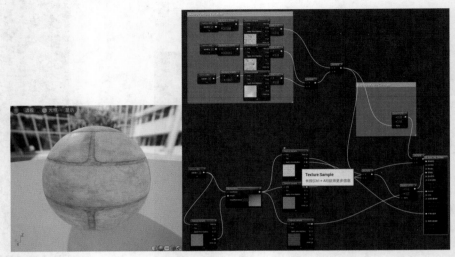

图4-11

可以看到，在材质编辑器界面中将贴图和材质编写到材质结果节点中，左上角的材质球便会呈现出岩石的效果。

4.3 常用材质节点

本节内容聚焦于Unreal Engine中常用的材质节点，包括一维常量节点、二维向量节点、三维向量节点等，以及控制节点的方法和镜面效果的制作。这些节点能帮助用户创建各种复杂的材质效果。从颜色调整到反射模拟，Unreal Engine提供了丰富的材质设计工具。

4.3.1 一维常量节点

在Unreal Engine中，一维常量节点通常用于定义常数值，如0.5、1.0、2.0等。这个节点在材质编辑器中有多种用途，举例如下。

参数控制：一维常量节点可以用来调整材质中的各种参数，如颜色、光照、透明度等。通过更改常数值，用户可以实时调整材质的外观。

数学运算：一维常量节点可以作为数学运算的输入，如与其他节点相乘、相加、分割等，以便进行复杂的计算和调整。

蒙版控制：一维常量节点还可以用于创建蒙版（Mask），用于控制不同部分的材质行为。通过更改常数值，用户可以控制蒙版的强度和范围。

总之，一维常量节点是Unreal Engine中材质编辑的基础元素之一，用于控制和调整材质的各种参数，从而实现所需的视觉效果。在编写材质基础区域中按住1键，单击即可创建一维常量节点，如图4-12所示。

图4-12

4.3.2 二维向量节点

在Unreal Engine中，二维向量节点用于表示包含两个分量的数据，这两个分量通常表示为x和y。这种向量通常用于表示二维平面上的坐标、尺寸、UV纹理坐标等信息。

二维向量节点在材质编辑器中的应用非常广泛，举例如下。

坐标和尺寸：二维向量节点常用于表示平面上的坐标和尺寸。这对于调整纹理贴图非常有用。

UV纹理坐标：二维向量节点通常用于表示纹理的UV坐标，以便在三维物体表面正确映射纹理。

参数控制：二维向量节点可以用于控制各种参数，如调整材质的透明度、颜色混合、蒙版等效果。

数学运算：二维向量节点还可以用于进行各种数学运算，如向量相加、相减、标量乘法等，以支持复杂的计算和调整。

图4-13

通过二维向量节点，材质设计师可以灵活地控制材质的二维属性，使其适应不同的场景和需求，从而实现各种复杂的材质效果。在编写材质基础区域中按住2键，单击即可创建二维向量节点，如图4-13所示。

4.3.3 三维向量节点

在Unreal Engine中，三维向量节点通常用于表示包含3个分量的数据，这些分量通常代表颜色、位置、方向等；通常是红色（R）、绿色（G）和蓝色（B），用来描述颜色信息；或者是x、y和z，用于表示三维空间中的位置或方向。

三维向量节点在材质编辑器中的应用非常广泛，举例如下。

颜色控制：三维向量节点常用于表示颜色，如RGB颜色。用户可以使用三维向量节点来定义材质的基本颜色。

位置和方向：在三维图形中，三维向量节点用于表示物体的位置、方向。这对于调整材质的位置和方向非常有用。

数学运算：三维向量节点可用于进行各种数学运算，如向量相加、相减、点积、叉积等，以支持复杂的计算和调整。

蒙版控制：三维向量节点可以作为蒙版控制材质的不同部分，使用户能够以可视化方式控制材质的效果。

通过三维向量节点，材质设计师可以灵活地控制颜色、位置和方向等材质属性，从而实现各种复杂的材质效果，使视觉效果更加生动和逼真。在编写材质基础区域中按住3键，单击即可创建三维向量节点，如图4-14所示。

图4-14

4.3.4 控制节点

通常情况下，需要将不同的节点连接到材质结果节点上，然后通过改变数值大小来影响材质球的呈现效果，如图4-15所示。控制节点的灵活性使其成为创建复杂、动态和互动性强的材质效果的重要工具。其可以用于游戏开发、虚拟现实、影视制作和交互式应用程序中，以增强视觉效果。

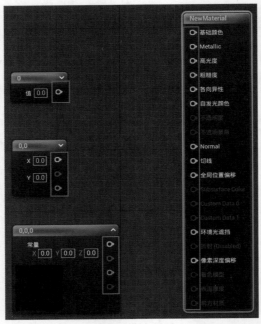

图4-15

4.3.5 镜面效果制作

在编写材质基础区域中按住1键，单击创建一维常量节点。随后将一维常量节点连接到材质结果节点中的【粗糙度】，就可以在左上角预览带有镜面反射效果的材质球，如图4-16所示。

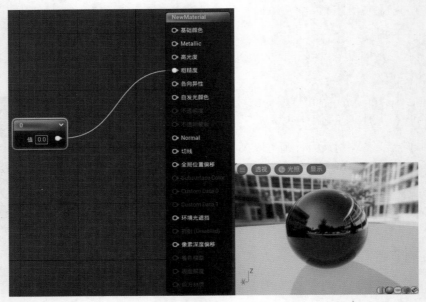

图4-16

微课视频

案例4-2：制作水材质球

打开材质编辑器界面，在编写材质基础区域中按住3键，单击创建三维向量节点。随后在三维向量节点左下角的黑色区域双击，打开【取色器】对话框，选择一种喜欢的蓝色，如图4-17所示。将三维向量节点连接到材质结果节点中的【基础颜色】，然后在编写材质基础区域中按住1键，单击创建一维常量节点，将一维常量节点连接到材质结果节点中的【粗糙度】。随后复制一个一维常量节点，将数值改为10，连接到材质结果节点中的【Metallic】，这样一个静态的水材质球就制作完成了，如图4-18所示。

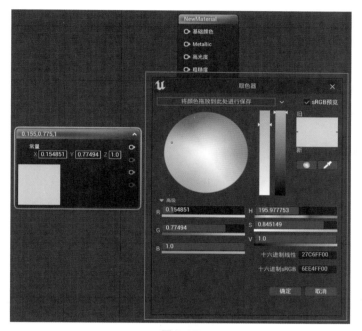

图4-17

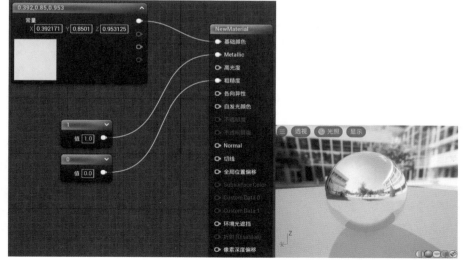

图4-18

4.4 贴图介绍

本节将介绍Unreal Engine中的贴图，包括颜色贴图、金属度贴图、粗糙度贴图、法线贴图、自发光贴图和置换贴图。这些贴图在材质设计中发挥着关键作用，用于模拟物体的表面特性、光照效果和细节，为视觉效果增色不少。了解每种贴图的作用和使用方法，能够更好地控制材质的外观，创造出更真实和引人入胜的虚拟世界。

4.4.1 颜色贴图

颜色贴图［文件名标识符一般为diff（Diffuse的缩写）］即底色贴图，一般连接到材质结果节点中的【基础颜色】，是指没有任何光照时材质自身的颜色。其他指代颜色贴图的文件名标识符还有BaseColor、Albedo等。图4-19所示为一张颜色贴图，文件名标识符为diff。

gray_rocks_diff_4k.jpg

图4-19

4.4.2 金属度贴图

金属度贴图的文件名标识符一般为metal（Metallic的缩写），其一般连接到材质结果节点中的【Metallic】，用于定义物体表面的金属度属性。这种贴图通常用于指定物体的哪些部分是金属的，哪些部分是非金属的，从而影响光照和反射效果，以实现更逼真的材质外观。图4-20所示为一张金属度贴图，文件名标识符为metal。

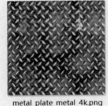

metal_plate_metal_4k.png

图4-20

4.4.3 粗糙度贴图

粗糙度贴图的文件名标识符一般为rough（Roughness的缩写），其一般连接到材质结果节点中的【粗糙度】，是一张灰度贴图，其原理是为每个纹理像素指定粗糙度。较粗糙的表面会得到更宽阔、更模糊的镜面反射，而比较光滑的表面则会得到集中而清晰的镜面反射。图4-21所示为一张粗糙度贴图，文件名标识符为rough。

gray_rocks_rough_4k.png

图4-21

4.4.4 法线贴图

法线贴图的文件名标识符一般为nor（Normal的缩写），其一般连接到材质结果节点中的【Normal】，其原理是在原物体凹凸不平的表面的每个点上均作法线，通过RGB颜色通道来标记法线的方向，可以把它理解成与原凹凸不平的表面平行的另一个不同的表面，但实际上它是一个光滑的平面。对视觉效果而言，它的精细度比原有表面更高，在特定位置上应用光源，可以让细节程度较低的表面生成高细节程度且具有精确光照方向的反射效果。图4-22所示为一张法线贴图，文件名标识符为nor。

gray_rocks_nor_gl_4k.png

图4-22

4.4.5　自发光贴图

自发光贴图的文件名标识符一般为emiss（Emissive的缩写），其一般连接到材质结果节点中的【自发光颜色】，用于定义物体表面自发光的部分，这些部分本身会发光，而不是仅反射光。自发光贴图可用于创建发光的材质效果，如荧光、灯光、发光标志等，增强视觉吸引力和创造特殊的光照效果。图4-23所示为一张自发光贴图，文件名标识符为emiss。

time_time_emiss.png

图4-23

4.4.6　置换贴图

置换贴图的文件名标识符一般为disp（Displacement的缩写），其一般连接到材质结果节点中的【全局位置偏移】（5.3后的版本为【材质结果节点】中的【置换】），其原理为储存物体表面纹理的凹凸信息，用于增加模型的细节。图4-24所示为一张置换贴图，文件名标识符为disp。

gray_rocks_disp_4k.png

图4-24

案例4-3：制作泥土材质贴图

打开Unreal Engine项目，按Ctrl+Space组合键弹出【内容浏览器】，将【内容浏览器】停靠在布局中，随后在【内容】文件夹中新建文件夹，并重命名为【nitu】，如图4-25所示。双击【nitu】文件夹，将下载好的贴图资产拖曳到【内容浏览器】中，如图4-26所示。

微课视频

图4-25

图4-26

单击【保存所有】按钮 保存所有 将贴图资产保存到项目工程中。在【nitu】文件夹的空白处右击，在弹出的快捷菜单中选择【材质】命令，将新创建的材质球重命名为【nitu】，如图4-27所示。双击【nitu】材质球，进入材质编辑器界面，随后全选【nitu】文件夹中的材质贴图，将其拖曳到材质编辑器的编写材质基础区域中，如图4-28所示。

图4-27

图4-28

将颜色贴图的【RGB】连接到材质结果节点中的【基础颜色】，将法线贴图的【R】连接到材质结果节点中的【Normal】，将粗糙度贴图的【R】连接到材质结果节点中的【粗糙度】，泥土材质贴图就制作完成了，如图4-29所示。

图4-29

4.5　基础参数调节

在本节中，我们将学习基础参数调节的关键技巧，包括使用Multiply节点，进行节点运算，将一维常量节点转换为参数节点，使用参数节点和UV控制节点。我们还将了解如何调节无缝贴图的密度，创建实例材质球以及调节实例材质球参数。这些技巧将帮助用户更灵活地调整材质的外观，为创造独特的视觉效果提供便利。

4.5.1　Multiply节点

在编写材质基础区域中按住M键，单击即可创建Multiply节点（Multiply的意思即相乘），如图4-30所示。一般在使用Multiply节点时需要配合一维常量节点。比如现在要用Multiply节点和一维常量节点来控制岩石材质球的法线贴图：首先在编写材质基础区域中按住1键，单击创建一维常量节点；随后在编写材质基础区域中按住M键，单击创建Multiply节点，如图4-31所示。

图4-30

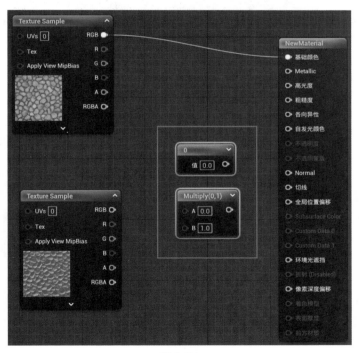

图4-31

将Multiply节点中的【A】连接到法线贴图的【RGB】，再将Multiply节点连接到材质结果节点中的【Normal】，最后将一维常量节点连接到Multiply节点中的【B】，这样Multiply节点就起作用了，可以改变一维常量节点的数值，从而修改法线贴图的强度，如图4-32所示。

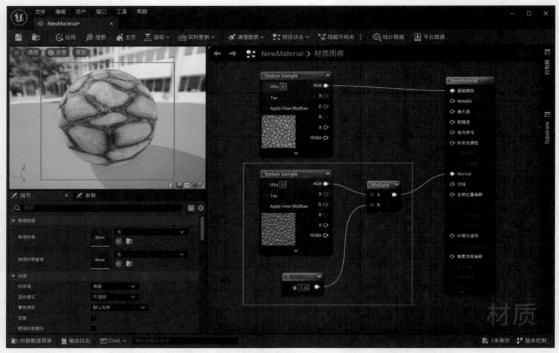

图4-32

4.5.2 节点运算

在Unreal Engine中，节点运算是一项关键功能，可通过连接各种节点（如Multiply节点、Add节点等）进行数学运算和操作。这允许材质设计者在材质编辑器中执行各种复杂的计算，如颜色混合、数值调整、几何变换等。通过巧妙组合和连接这些节点，可以实现高度灵活的材质调整，包括纹理合成、颜色调整等。节点运算的强大之处在于它提供了直观且可视化的方式来处理材质，使得用户能够更精确地控制和调整材质的各个方面，为创造出引人入胜的视觉效果提供便利。

例如，在图4-33中，通过控制一维常量节点的数值，就能改变岩石材质的凹凸效果，这就是节点运算的一种效果呈现。

图4-33

4.5.3 一维常量节点转换为参数节点

在Unreal Engine中，可以将一维常量节点转换为参数节点。

首先要创建一维常量节点。打开材质编辑器，在编写材质基础区域中按住1键，单击创建一维常量节点。随后右击一维常量节点，在弹出的快捷菜单中选择【转换为参数】（Convert to Parameter）命令。在弹出的对话框中命名新参数并设置其默认值，如图4-34所示。

图4-34

通过这个过程，可以将一维常量节点转换为参数节点，使其更具灵活性，以便在运行时或通过蓝图进行动态调整。这对于创建可自定义的材质效果非常有用。

4.5.4 参数节点

一维常量节点转换为参数节点以后，需要设置参数，在对话框中，可以为新参数设置名称，选择它的类型并设置默认值。这样，一维常量节点就被成功转换为一个用户可调整的参数节点。参数节点可以表示多种类型的数据，包括标量（Scalar）、向量（Vector）、纹理（Texture）等。这使得它们非常灵活，适用于各种材质。在材质编辑器中，可以将这个新参数节点连接到其他节点，以调整材质的各个方面，如图4-35所示。

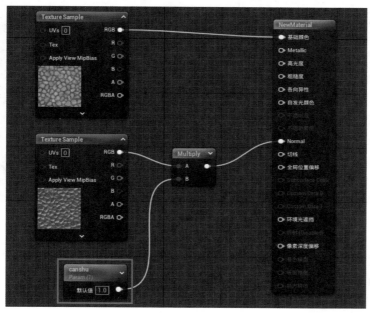

图4-35

4.5.5 UV控制节点

UV是计算机图形学中表示纹理坐标的术语。UV坐标系用于映射纹理（二维图像）到三维模型表面。在UV坐标系中，每个顶点都有一个对应的UV坐标，它指定了纹理上的点。如果想要控制贴图呈现的密度，就需要一个UV控制节点。在编写材质基础区域中按住U键，单击即可创建UV控制节点，如图4-36所示。

图4-36

4.5.6 无缝贴图密度调节

无缝贴图是一种纹理图像，可确保在平铺（重复贴图）时没有明显的接缝或过渡边缘。无缝贴图通常用于涂覆三维模型表面，以呈现更真实和连续的外观。在调节无缝贴图时就要用到UV控制节点，首先在编写材质基础区域中按住U键，单击以创建UV控制节点。随后按住1键，单击创建一维常量节点，将一维常量节点转换为参数节点，并重命名为【UV】。再按住M键，单击创建Multiply节点，将UV控制节点连接到Multiply节点中的【A】，将Multiply节点连接到对应贴图的【UVs】，最后将【UV】参数节点连接到Multiply节点中的【B】，这样就可以通过控制【UV】参数节点的数值来调节无缝贴图的密度了，如图4-37所示。

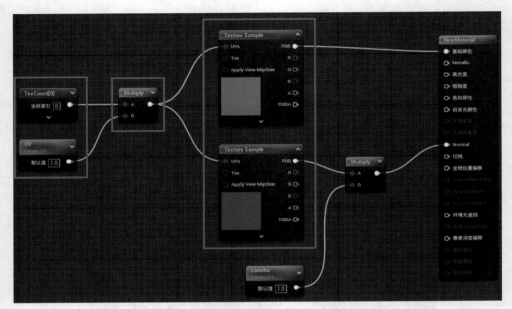

图4-37

图4-38

4.5.7 创建实例材质球

调整好材质贴图和节点后，需要在材质编辑器的左上角单击【保存此资产】按钮，随后关闭材质编辑器。在【内容浏览器】中找到该材质球，右击，在弹出的快捷菜单中选择【创建材质实例】命令，如图4-38所示。将创建出的实例材质球与原材质球对比可以发现，原材质球的下方呈现亮绿色，而实例材质球的下方呈现暗绿色，且下方的文件名称也不同，可以通过这种方式来区分原材质球和实例材质球，如图4-39所示。

图4-39

4.5.8 调节实例材质球参数

创建好实例材质球后，可以双击实例材质球，打开其编辑器界面，如图4-40所示，实例材质球的编辑器界面和原材质球截然不同。在右侧【细节】选项卡中的【Global Scalar Parameter Values】栏找到重命名的参数节点控制器，并勾选该复选框，如图4-41所示，就可以通过改变该控制器的数值来影响材质球的效果。

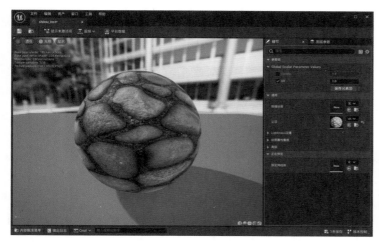

图4-40

图4-41

案例4-4：岩石材质基础参数调节

1. 创建节点

打开岩石材质球的材质编辑器，随后在编写材质基础区域中按住U键，单击创建UV控制节点。随后按住1键，单击创建一维常量节点，将一维常量节点转换为参数节点，并重命名为【UV】。再按住M键，单击创建Multiply节点，最后将这3个节点和贴图连接到一起，如图4-42所示。

微课视频

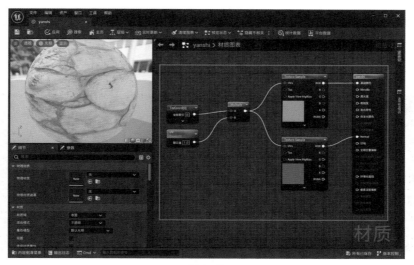

图4-42

2. 创建岩石实例材质球

调整好岩石材质贴图和节点后，在材质编辑器的左上角单击【保存此资产】按钮▢，随后关闭材质编辑器。在【内容浏览器】中找到岩石材质球，右击，在弹出的快捷菜单中选择【创建材质实例】命令，即可创建出岩石实例材质球，如图4-43所示。

3. 调节控制器参数

双击岩石实例材质球，随后在弹出的编辑界面右侧【细节】选项卡中的【Global Scalar Parameter Values】栏找到岩石贴图的参数节点控制器，勾选该复选框，如图4-44所示，就可以通过改变该控制器的数值来影响岩石实例材质球的变化。

图4-43

图4-44

4.6 课堂案例：制作木板PBR材质球

微课视频

本课堂案例将聚焦于木板PBR材质球的制作。通过这个实际案例，我们将学习如何运用掌握的材质基础知识，结合PBR原理，制作出一个真实的木板材质。在这个过程中，我们将进行节点编辑、贴图应用、基础参数调节等操作，以更好地理解并运用所学的材质制作技巧。通过这个案例，我们将能够运用所学知识创造出逼真的木板材质，为日后的实战案例实践打下坚实的基础。

4.6.1 导入材质贴图

在进行木板PBR材质球的制作之前，需要将下载好的木板贴图资产导入Unreal Engine中。首先在项目工程界面按Ctrl+Space组合键弹出【内容浏览器】，将【内容浏览器】停靠在布局中，随后在【内容】文件夹中新建文件夹，并重命名为【muban】，如图4-45所示。

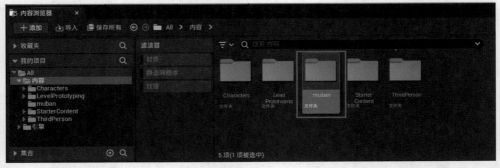
图4-45

打开【muban】文件夹，将下载好的贴图资产拖曳到【内容浏览器】中，如图4-46所示，单击【保存所有】按钮 保存所有 将贴图资产保存到项目工程中。

在【muban】文件夹的空白处右击，在弹出的快捷菜单中选择【材质】命令，将新创建的材质球重命名为【muban】，如图4-47所示。

图4-46

图4-47

双击【muban】材质球，进入材质编辑器界面，随后全选【muban】文件夹中的材质贴图，将其拖曳到材质编辑器的编写材质基础区域中，如图4-48所示。

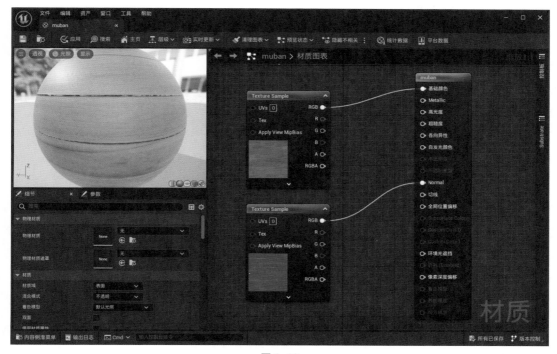

图4-48

4.6.2 创建材质节点

首先在【muban】材质编辑器的编写材质基础区域中按住U键，单击创建UV控制节点。随后按住1键，单击创建一维常量节点。再按住M键，单击创建Multiply节点，最后将这3个节点和材质贴图连接到一起，如图4-49所示。

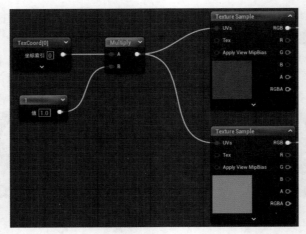

图4-49

4.6.3 转换为参数节点

在材质编辑器中将一维常量节点转换为参数节点，并重命名为【UV】，如图4-50所示，这时候就可以通过控制参数节点的数值来控制木板PBR材质球的效果。

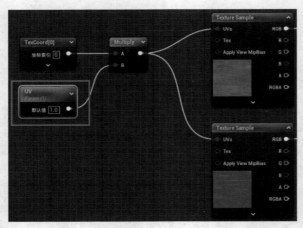

图4-50

4.6.4 生成实例材质球

调整好木板材质贴图和节点后，在材质编辑器的左上角单击【保存此资产】按钮 ，随后关闭材质编辑器。在【内容浏览器】中找到【muban】材质球，右击，在弹出的快捷菜单中选择【创建材质实例】命令，即可创建实例材质球，如图4-51所示。然后双击实例材质球，随后在弹出的编辑界面右侧【细节】选项卡中的【Global Scalar Parameter Values】栏找到木板贴图的参数节点控制器，勾选此复选框，就可以通过改变该木板控制器的数值来影响木板PBR材质球的效果，如图4-52所示。

图4-51

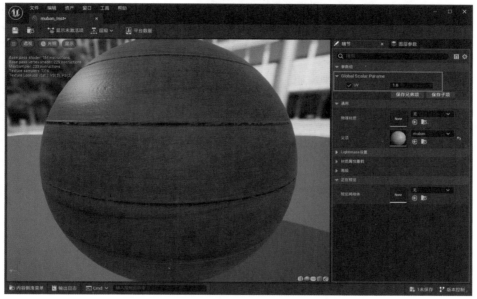

图4-52

4.7 知识拓展

　　首先，通过对材质的学习，尝试制作各种类型的贴图，以深刻理解贴图在材质中的应用。其次，通过研究优秀的材质设计，分析行业内游戏、影视作品中的案例，掌握创造引人入胜的视觉效果的方法。此外，深入学习和实践自定义节点的应用，以拓展节点编辑技巧的应用范围。最后，深入了解光照原理，学习如何使用不同类型的贴图和节点模拟真实世界中的光照效果，以增强材质的真实感。通过这些实践，能够更全面、深入地掌握和应用材质基础知识，使其更加实用。

4.8 课后练习：制作草地PBR材质球

微课视频

　　在本章的课堂案例中，我们通过导入木板材质贴图制作了木板PBR材质球，接下来可以运用学到的知识，尝试独立制作材质球。

　　本章的课后练习是运用本章所学的材质基础知识，结合PBR原理，创建一个草地PBR材质球，如图4-53所示。任务包括节点编辑、贴图应用、基础参数调节等操作。通过这个练习，我们将巩固所学的材质制作技巧，培养对PBR材质球的运用能力。这个练习将帮助我们更深入地理解材质的实际应用，为日后的实战案例实践提供有力支持。

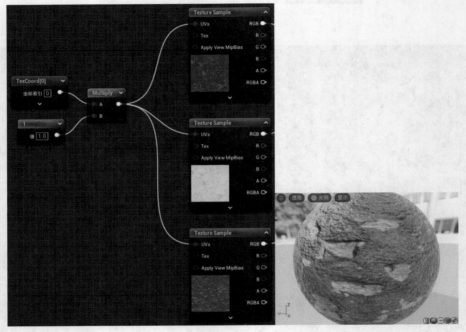

图4-53

第5章

5

光照系统详解

本章将深入研究Unreal Engine中的光照系统。将探讨光照模块的重要性，了解如何利用环境光照混合器、HDRIBackdrop插件，以及Lumen光照技术来提升游戏场景的视觉表现效果。这些关键模块和插件能帮助我们更好地理解Unreal Engine中光照的原理，为创造引人入胜的游戏环境提供强大的工具和技术支持。

本章学习目标

1. 掌握Unreal Engine中光照系统的核心模块，包括光照模块的作用和基本原理。

2. 学会有效地利用环境光照混合器，以增强游戏场景的真实感。

3. 认识Lumen光照技术的重要性，了解其基本原理及在游戏制作中的应用，以实现更具有动态光照效果的场景。

本章知识结构

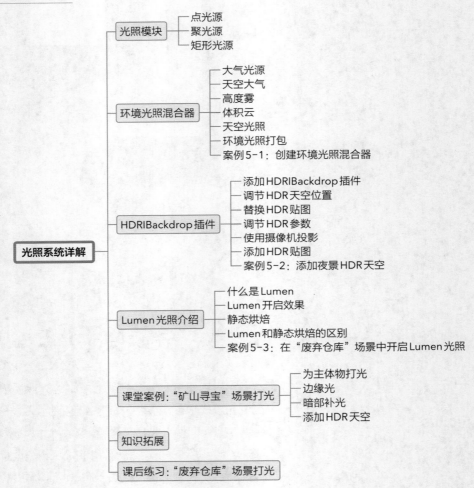

5.1 光照模块

本节将深入研究Unreal Engine中的光照模块，重点关注点光源、聚光源和矩形光源。我们将学会有效利用这些光源，以创造引人入胜的光照效果。通过深入探讨每种光源的特性和应用场景，我们将更好地理解如何优化场景的光照，以提高游戏的视觉质量。

5.1.1　点光源

Unreal Engine 的点光源是一种强大的照明工具，常用于模拟光来自一个点的情况。点光源向四面八方发射光线，类似于灯泡或蜡烛。在 Unreal Engine 上方的工具栏中单击【快速添加到项目】按钮，选择【光源】→【点光源】选项，即可创建出点光源，如图 5-1 所示。拖曳点光源的坐标轴可改变点光源的影响范围，如图 5-2 所示。也可以在【细节】选项卡的【光源】栏中对【强度】【光源颜色】【衰减半径】【源半径】等参数进行调节，如图 5-3 所示。

图 5-1　　　　　　　　　　　图 5-2　　　　　　　　　　图 5-3

💡 **提　示**

【源半径】可以理解为点光源本身的大小，这个参数影响了光源的阴影过渡和软化效果。在实际应用中，增加【源半径】会使光源投射的阴影边缘变得更加柔和。当点光源的【源半径】较小时，阴影边缘会更加锐利，产生更明显的光影过渡。

5.1.2　聚光源

Unreal Engine 的聚光源是一种灵活的光源，主要用于产生具有方向性的光线，类似于手电筒或车头灯。在 Unreal Engine 上方的工具栏中单击【快速添加到项目】按钮，选择【光源】→【聚光源】选项，即可创建出聚光源，如图 5-4 所示。拖曳聚光源的坐标轴可改变聚光源的影响范围，如图 5-5 所示。不同于点光源，聚光源还可以通过旋转坐标轴来改变灯光朝向，如图 5-6 所示。也可以在【细节】选项卡的【光源】栏中对【强度】【光源颜色】【衰减半径】【源半径】等参数进行调节，而且相比点光源，聚光源多了【椎体内部角度】和【椎体外部角度】两个可调节参数，如图 5-7 所示。

图5-4

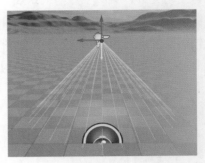

图5-5

图5-6

图5-7

5.1.3 矩形光源

　　Unreal Engine中的矩形光源是一种特殊的光源，与传统的点光源和聚光源不同，它以矩形的形状发射光线，常用于模拟长方形光源，如灯箱。在Unreal Engine上方的工具栏中单击【快速添加到项目】按钮 ，选择【光源】→【矩形光源】选项，即可创建出矩形光源，如图5-8所示。可以拖曳矩形光源的坐标轴来改变矩形光源的影响范围，如图5-9所示。不同于点光源，矩形光源和聚光源一样也可以通过旋转坐标轴来改变灯光朝向，如图5-10所示。也可以在【细节】选项卡的【光源】栏中对【强度】【光源颜色】【衰减半径】等参数进行调节，而且相比点光源和聚光源，矩形光源少了【源半径】，但多了【源宽度】【源高度】【挡光板角度】【挡光板长度】4个可调节参数，如图5-11所示。

图 5-8

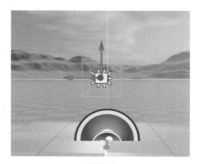

图 5-9

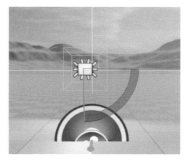

图 5-10

图 5-11

5.2　环境光照混合器

本节将深入探讨 Unreal Engine 中强大的环境光照混合器。通过了解大气光源、天空大气、高度雾、体积云、天空光照以及环境光照打包，我们将学会如何精细调控场景的光照和大气效果。

5.2.1　大气光源

在新建项目关卡时，关卡内部是没有任何模型和天空光照等元素的。例如，在【内容浏览器】中单击【内容】文件夹，随后在右侧预览窗口中右击，在弹出的快捷菜单中选择【关卡】命令，创建关卡并重命名为【sky】，如图5-12所示。双击【sky】关卡，可以看到关卡内部是纯黑色的，如图5-13所示。

图5-12

图5-13

创建新的关卡后，第一步要做的就是添加最基础的环境光照，区域光照和部分环境光照可以通过单击【快速添加到项目】按钮，选择【光源】选项来添加，但缺少一些最基础的天空光照信息。这时可以在Unreal Engine上方的菜单栏中选择【窗口】→【环境光照混合器】命令，在弹出的【环境光照混合器】窗口中添加环境光照，如图5-14所示。

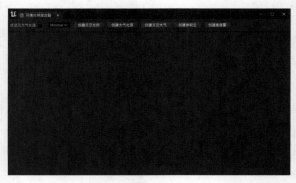

图5-14

在Unreal Engine中，大气光源通常用于模拟大气散射效果，特别是在日出和日落时光的表现，可模拟真实世界的大气中颗粒对阳光的散射，产生温暖的色调和柔和的光照效果。Unreal Engine

的大气光源功能允许我们调整光在大气中的传播方式，以实现更逼真、引人入胜的光照效果。

　　在【环境光照混合器】窗口中单击【创建大气光源】按钮，即可在当前关卡中创建出大气光源，也就是俗称的太阳光，且【环境光照混合器】窗口中会出现对应的【DirectionalLight】栏，调节【DirectionalLight】栏的参数来改变大气光源的光照信息，如图5-15所示。

图5-15

5.2.2　天空大气

　　在Unreal Engine中，天空大气是指虚拟场景中模拟真实天空和大气效果的技术和元素。这一概念涵盖多个方面，包括对天空的渲染、大气散射、日落日出效果等。Unreal Engine以其强大的图形引擎和渲染技术，为用户提供了高度可定制的天空大气效果。通过Unreal Engine的天空大气功能，我们可以创建出富有层次感的天空，包括动态的云层、太阳以及不同时间段的光照效果。这使得虚拟场景在视觉上更加真实，增强了用户的沉浸感。

　　在【环境光照混合器】窗口中单击【创建天空大气】按钮，即可在当前关卡中创建出天空大气，这时关卡就不再是纯黑色，而是上面是天空，下面是黑色，如图5-16所示。【环境光照混合器】窗口中也会出现对应的【SkyAtmosphere】栏，调节【SkyAtmosphere】栏的参数可改变天空信息，如图5-17所示。

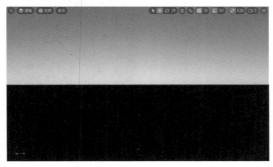

图5-16

图5-17

5.2.3 高度雾

在Unreal Engine中，高度雾是一种模拟大气中悬浮微粒或水汽导致远处景物透明的技术。这种雾化效果随着距离的增加而增强，使得远处的物体变淡，从而增强了场景的氛围感。

在【环境光照混合器】窗口中单击【创建高度雾】按钮，即可在当前关卡中创建出高度雾，这时关卡下方会出现雾气，而不再是之前的纯黑色，如图5-18所示。【环境光照混合器】窗口中也会出现对应的【ExponentialHeightFog】栏，调节【ExponentialHeightFog】栏的参数可改变雾气信息，如图5-19所示。

图5-18

图5-19

5.2.4 体积云

在Unreal Engine中，体积云是一项强大的技术，用于模拟现实中的云层。这种技术允许我们创建逼真、动态的云朵效果，为游戏或虚拟体验增加更丰富的天空表现。

在【环境光照混合器】窗口中单击【创建体积云】按钮，即可在当前关卡中创建出体积云，这时关卡中会出现很多云朵，天空也会变得更加真实，如图5-20所示。【环境光照混合器】窗口中也会出现对应的【VolumetricCloud】栏，调节【VolumetricCloud】栏的参数可改变云层信息，如图5-21所示。

图5-20

图5-21

5.2.5 天空光照

在Unreal Engine中，天空光照是指虚拟场景中由天空产生的光照效果。这一概念包括日光、月光、星光等天体光源的模拟，以及它们的光线在大气中传播产生的各种视觉效果。

在【环境光照混合器】窗口中单击【创建天空光照】按钮，即可在当前关卡中创建出天空光照，天空光照相当于一个间接的天光捕捉器，可以使场景光照更加自然柔和，不会出现特别黑的情况，如图5-22所示。【环境光照混合器】窗口中也会出现对应的【SkyLight】栏，调节【SkyLight】栏的参数可改变天空光照信息，如图5-23所示。

图5-22

图5-23

5.2.6 环境光照打包

创建好基础的环境光照以后，需要对创建出的环境光照进行打包，方便后续整理归纳和调整。在【环境光照混合器】窗口中创建的环境光照也可以在【大纲】模块中找到，如图5-24所示。选中这5个环境光照，右击，在弹出的快捷菜单中选择【移动至】→【创建新文件夹】命令，即可将这5个环境光照打包至一个文件夹，随后选中新创建的文件夹，将该文件夹重命名为【sky】，如图5-25所示。

图5-24

图5-25

▬ 案例5-1：创建环境光照混合器

1. 关闭灯光

首先在【内容浏览器】中打开【StarterContent】文件夹，随后在【StarterContent】文件夹中打开【Maps】文件夹，最后双击【StarterMap】关卡，打开【初学者地图】，如图5-26所示。在【初学者地图】的【大纲】模块中展开【Lighting】文件夹，删除【Lighting】文件夹

微课视频

里面的所有组件对象，如图5-27所示。此时，在【初学者地图】中看不到天空信息，如图5-28所示。

图5-26

图5-27

图5-28

2. 创建环境光照

在Unreal Engine上方的菜单栏中选择【窗口】→【环境光照混合器】命令，打开【环境光照混合器】窗口，如图5-29所示。

图5-29

随后在【环境光照混合器】窗口中依次单击【创建天空光照】【创建大气光源】【创建天空大气】【创建体积云】【创建高度雾】按钮，在当前关卡中创建出天空光照、大气光源、天空大气、体积云、高度雾，如图5-30所示。此时【初学者地图】也拥有了最基础的天空光照环境，如图5-31所示。

图5-30

图5-31

3. 打包环境光照

在【大纲】模块选中刚刚创建的5个环境光照，按住鼠标左键，将它们拖动至【Lighting】文件夹中即可，如图5-32所示。

图5-32

5.3 HDRIBackdrop插件

本节将深入研究Unreal Engine中的HDRIBackdrop插件。通过添加该插件、调节HDR天空位置、替换HDR贴图，以及调节HDR参数，能够轻松创建出引人入胜的HDR背景。通过使用摄像机投影和添加HDR贴图，将为项目注入更生动的光影效果。

5.3.1 添加HDRIBackdrop插件

上一节讲解了如何利用环境光照混合器添加最基础的环境光照，除此之外还有一种更快速的方法可以添加环境光照：添加HDR天空。在Unreal Engine中添加HDR天空有很多种方法，其中最便捷的方法是利用HDRIBackdrop插件来添加。

首先在Unreal Engine上方的菜单栏中选择【编辑】→【插件】命令，如图5-33所示。在弹出的【插件】窗口中的搜索框中输入【HDRIBackdrop】并搜索，如图5-34所示。勾选【HDRIBackdrop】复选框，这时候Unreal Engine会提醒【必须重新启动虚幻编辑器，才能使变更生效。】，如图5-35所示，单击【立即重启】按钮即可将HDRIBackdrop插件添加到当前的工程中。

图5-33

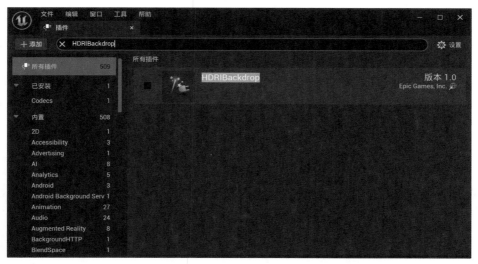

图5-34

重启之后，在Unreal Engine上方的工具栏中单击【快速添加到项目】按钮，选择【光源】→【HDRI背景】选项，即可创建出HDR天空，如图5-36所示。

图 5-35

图 5-36

5.3.2 调节 HDR 天空位置

刚添加好的HDR天空往往会与场景中的模型产生穿插，如图5-37所示，这时候就需要对HDR天空进行移动，按W键切换成【位移】模式，然后向下拖曳HDR天空的z轴即可，如图5-38所示。

图 5-37   图 5-38

5.3.3 替换HDR贴图

用HDRIBackdrop插件添加的HDR天空是
可以替换HDR贴图的，通过这个方法可以设置出
自己想要的HDR天空。首先在【大纲】模块中找
到【HDRIBackdrop】对象并选中，在【细节】选

图5-39

项卡中找到【HDRI Backdrop】栏，再找到【Cubemap】，单击【搜索】按钮，如图5-39所示，
即可在【内容浏览器】的预览窗口中找到当前HDR天空的贴图，还有Unreal Engine中自带的其
他HDR贴图，如图5-40所示。

图5-40

可以选择自己比较喜欢的贴图，然后将其选中，再在右侧的【细节】选项卡中单击【替换】
按钮，如图5-41所示，将HDR天空贴图替换成所选贴图，如图5-42所示。

图5-41

图5-42

5.3.4 调节HDR参数

在【HDRI Backdrop】栏中可以对当前HDR天空的【Intensity】和【Size】参数进行调节，
如图5-43所示，【Intensity】值越大，HDR天空越亮，【Size】值越大，HDR天空越大，可以搭建
的场景就越大，也越不容易穿模。

图5-43

5.3.5 使用摄像机投影

当前HDR天空贴图是有明显拉伸感的，要解决这个问题，只需在【大纲】模块中找到【HDRI-Backdrop】对象并选中，随后在【细节】选项卡中找到【高级】栏，勾选【高级】栏中的【Use Camera Projection】复选框，也就是【使用摄像机投影】，如图5-44所示。调整后的HDR天空效果如图5-45所示。

图5-44

图5-45

5.3.6 添加HDR贴图

在创建HDR天空效果时，可以利用Unreal Engine内置的HDR贴图，还可以从其他资产库下载喜欢的HDR贴图，根据个人偏好选择和应用不同的HDR贴图，为当前关卡打造独特的天空效果。

按Ctrl+Space组合键打开【内容浏览器】，在【内容】文件夹中新建文件夹，并重命名为【HDR】，如图5-46所示。

图5-46

打开【HDR】文件夹，随后选中在其他资产库下载的HDR贴图，如图5-47所示。将其拖曳至【HDR】文件夹中，如图5-48所示。

选中导入的HDR贴图，在【大纲】模块中找到【HDRIBackdrop】对象并单击，在【细节】栏中找到【HDRI Backdrop】栏，再找到【Cubemap】，单击【替换】按钮 ，即可将HDR天空贴图替换成所选贴图，如图5-49所示。

图5-47

图5-48

图5-49

案例5-2：添加夜景HDR天空

1. 添加HDRIBackdrop插件

在【内容浏览器】中创建一个新的关卡，并重命名为【Nightsky】，如图5-50所示。

微课视频

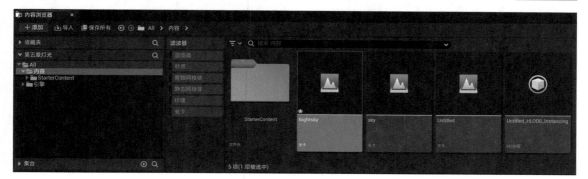

图5-50

进入【Nightsky】关卡,在上方菜单栏中选择【编辑】→【插件】命令,在弹出的【插件】窗口的搜索框中输入【HDRIBackdrop】并搜索,勾选【HDRIBackdrop】复选框,再单击弹出的【立即重启】按钮,即可将HDRIBackdrop插件添加到当前的工程中,随后单击【快速添加到项目】按钮 ▣▾,选择【光源】→【HDRI背景】选项,即可创建出HDR天空,如图5-51所示。

2. 导入夜景HDR贴图

我们可以在其他资产库中找到自己喜欢的夜景HDR贴图,将它导入【内容浏览器】中,如图5-52和图5-53所示。

图 5-51

图 5-52

3. 替换夜景HDR贴图

选中导入的夜景HDR贴图,在【大纲】模块中找到【HDRIBackdrop】对象并单击,随后在【细节】选项卡中找到【HDRI Backdrop】栏,再找到【Cubemap】,单击【替换】按钮 ▣,即可将HDR天空贴图替换成所选的夜景HDR贴图,如图5-54所示。

图 5-53

图 5-54

5.4 Lumen光照介绍

本节将深入探讨 Unreal Engine 中的 Lumen 光照系统。我们将了解什么是 Lumen,探究其在 Unreal Engine 中的作用和优势,还将了解如何在项目中启用和配置 Lumen,以获得最佳效果。

5.4.1 什么是 Lumen

Lumen 是 Unreal Engine 中的先进全局光照技术，通过实时计算全局光照和全局反射，实现了无须预烘焙的照明效果。这一技术不仅考虑到光的传播，还注重实时的全局反射，使得场景中的光照效果能够随时间和环境变化而动态调整。与传统的手动烘焙方法不同，Lumen 简化了工作流程，无须手动设置光照数据。该技术不仅适用于静态场景，还能有效处理动态元素的光照和反射，使得动态元素在场景中更为自然。总体而言，Lumen 技术在提高虚拟场景的视觉质量、简化开发流程和增强实时渲染性能方面发挥着关键作用。

5.4.2 Lumen 开启效果

开启 Lumen 后，场景中的全局光照效果将变得更加真实。光照不再需要预烘焙，而是在运行时进行实时计算，能够适应场景中的变化。图 5-55 和图 5-56 所示为开启 Lumen 前后的对比效果。Lumen 的出现标志着实时渲染技术的重要进步，为虚拟场景的制作和呈现提供了更先进、更灵活的解决方案。

图 5-55

图 5-56

5.4.3 静态烘焙

静态烘焙是一种在场景设计中常用的光照计算方法，适用于静态元素（不会移动或改变形状）的预处理。通过预先计算和存储光照数据，静态烘焙可以在运行时快速渲染，提高效率。开发者在设计阶段指定光源参数，系统计算光照数据并将结果存储，以纹理贴图或数据结构的形式呈现。然而，静态烘焙无法处理动态元素的光照，因此存在运动元素的场景可能不够真实。随着实时全局光照技术（如 Lumen）的引入，动态元素的光照也能更自然地融入场景，使画面更加真实。

5.4.4 Lumen 和静态烘焙的区别

Lumen 和静态烘焙在光照计算上存在显著区别。Lumen 作为实时全局光照技术，实现了在运行时动态计算全局光照，包括对动态元素的光照。相比之下，静态烘焙需要在设计阶段手动设置光照数据，且难以适应动态交互和实时变化。Lumen 的引入不仅无须手动预烘焙，提供更强的灵活性和交互性，还适用于需要处理动态光照的场景，特别是对于包含动态元素的情况，能够提供更为真实的光照效果，使得实时渲染在逼真度和灵活性方面有显著的进步。

■■■ **案例5-3：** 在"废弃仓库"场景中开启Lumen光照 ──────

微课视频

我们可以打开之前搭建的"废弃仓库"场景，然后在后期盒中开启Lumen光照效果，如图5-57所示，场景中的阴影会变得更加柔和，且场景也会比之前更加明亮。

图5-57

微课视频

5.5 课堂案例："矿山寻宝"场景打光

在本课堂案例中，使用Unreal Engine来为"矿山寻宝"场景打光。在这个过程中，将运用本章学到的灯光知识。首先，为主体物添加适度光照，凸显其细节。其次，通过边缘光和背光，突出物体边缘，增加层次感。在暗部补光方面，确保场景各处都有足够的光照，避免过于昏暗。最后，引入HDR天空，使光影更为自然。

▍5.5.1 为主体物打光

在"矿山寻宝"场景中，为主体物打光是使画面更加逼真的关键步骤。通过选择适当的光源、调整光源的位置和强度，以及注意光照的角度，可以突出主体物的细节和质感，使其在场景中更为引人注目。运用点光源照亮了矿车和周围的铁轨，以此来突出视觉主体，如图5-58所示。

图5-58

5.5.2　边缘光

在对主体物进行打光后，我们还需要在目标物体的边缘添加光源，突出物体轮廓，增加层次感。这种光照手法不仅能强调物体的形状，还能为整体场景增加立体感。

在打边缘光时经常会用到聚光源和点光源。在铁轨和矿车周围添加聚光源和点光源来照亮轮廓，如图5-59所示。

图5-59

5.5.3　暗部补光

在对"矿山寻宝"这种半封闭场景进行打光时，一定要注意对暗部进行补光，也就是对处于阴影或昏暗区域的部分进行补光。这一步骤旨在确保整个场景中的细节都能清晰可见，避免画面过于昏暗。

对暗部进行补光时，常用的光源是点光源和矩形光源，但考虑到该场景是弯曲的，所以本次场景补光只用点光源即可，如图5-60所示。

图5-60

5.5.4　添加HDR天空

搭建好矿洞中的灯光以后，需要对整个"矿山寻宝"场景氛围进行微调，这时可以添加一个HDR天空，通过HDR天空带来的环境效果对场景进行调整。

首先去其他资产库寻找适合该场景的HDR贴图，随后将HDR贴图导入【内容浏览器】中，如

图5-61所示。然后添加HDRIBackdrop插件，再添加【HDRI背景】，用导入的HDR贴图替换【HDRI-Backdrop】中的HDR贴图，就可以得到图5-62所示的场景效果。

图5-61

图5-62

5.6 知识拓展

　　在深入研究Unreal Engine光照系统时，不容忽视的一个关键概念就是间接光照强度。间接光照指的是光线在场景中多次反射、折射后形成的光照效果，而间接光照强度则用于衡量这一效果的明亮程度。在Unreal Engine中调整和优化间接光照强度，可以对场景的视觉效果产生深远影响。通过调整全局光照参数，如间接光照强度的全局缩放，可以控制整体场景中的间接光照的亮度，从而影响整体氛围。

　　此外，还可深入了解Unreal Engine中的全局光照探针技术，这是一种用于模拟动态光照变化的方法，特别适用于需要实时渲染间接光照的场景。通过对间接光照强度进行深入理解，我们能够在虚拟场景中创造出更具艺术感和真实感的光照效果，为游戏、影视等项目的制作提供便利。

微课视频

5.7 课后练习："废弃仓库"场景打光

　　在本章的课堂案例中，我们对"矿山寻宝"场景进行了打光并添加了HDR天空光照效果，接下来可以运用学到的灯光知识，尝试独立为场景打光。

　　本章的课后练习是为之前搭建的"废弃仓库"场景进行打光，场景效果如图5-63所示。这个练习的重点是运用本章学到的灯光知识，将不同类型的光源有效地组合在一起，以实现所需的场景效果。

图5-63

关键步骤提示

01 选择合适的光源,如点光源、聚光源、矩形光源等,根据场景需求调整其位置、强度和颜色。

02 使用环境光照混合器等工具,调整环境光对场景的影响,使画面更加自然。

第6章

地形系统详解

本章将深入探讨 Unreal Engine 中的地形模块，介绍不同的笔刷类型和衰减方式，以及地形材质的制作方法等。通过这些内容，我们将了解如何在 Unreal Engine 中创建和定制丰富多样的地形，为游戏场景增添更多细节。

本章学习目标

1. 理解 Unreal Engine 中的地形模块，掌握地形的基本概念和创建方法。
2. 熟悉不同类型的笔刷及其衰减方式，能够灵活运用笔刷工具对地形进行塑造和细节调整。
3. 掌握地形材质的制作方法，了解如何为地形添加逼真的纹理和材质效果，提高场景的视觉质量。

本章知识结构

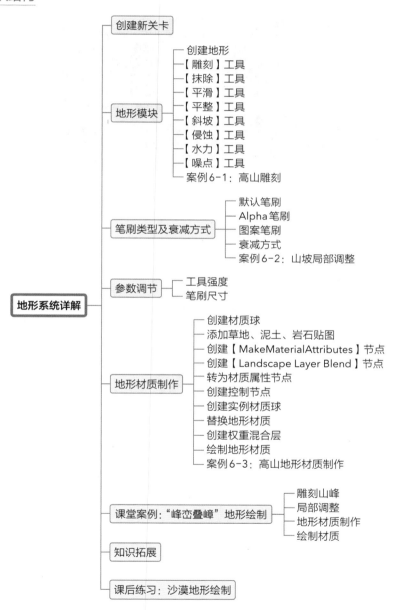

6.1 创建新关卡

打开Unreal Engine，随后在顶部菜单栏中选择【文件】→【新建关卡】命令，在弹出的【新建关卡】对话框中选择所需的【Basic】关卡，如图6-1所示，因为【Basic】关卡中具有不错的光照效果，所以直接创建即可。

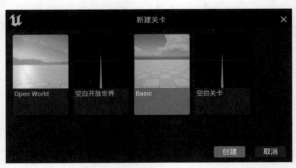

图6-1

创建好【Basic】关卡后可以看到系统内置了一个地面，如图6-2所示。为了创建地形，将初始地面删除，如图6-3所示。

图6-2   图6-3

6.2 地形模块

在本节，我们将学习如何创建和编辑地形。通过各种工具，如【雕刻】【抹除】【平滑】【平整】【斜坡】【侵蚀】【水力】【噪点】工具，我们能够塑造出各种地形。这些工具能用于快速且精确地对地形进行修改和细节处理，为场景增添真实感。

6.2.1 创建地形

在上方工具栏中单击【选项模式】按钮 选项模式 ，选择【地形】选项，如图6-4所示，进入地形模式，如图6-5所示。

图6-4

图6-5

图6-6

进入地形模式后，在Unreal Engine左侧可以看到最基础的地形信息，如图6-6所示。单击【创建】按钮即可得到最基础的地形，如图6-7所示。

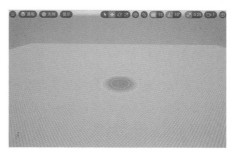

图6-7

6.2.2 【雕刻】工具

在Unreal Engine的【地形】窗口中可以选择相关地形工具，例如，在雕刻地形时，可以先打开【雕刻】工具栏，如图6-8所示。

图6-8

选择【雕刻】工具，如图6-9所示，在地形中单击或按住鼠标左键可以升高地形，如图6-10所示。不过要注意的是，【雕刻】工具不仅能升高地形，还能降低地形，只需要按住Shift键，再使用【雕刻】工具就可以创建凹陷的地形效果，如图6-11所示。

图6-9

图6-10

图6-11

6.2.3 【抹除】工具

【抹除】工具用于在地形上移除或平滑地形的部分，如图6-12所示。运用【抹除】工具可以轻松地抹除地形上的特定区域，使其平坦或与周围地形相融合。【抹除】工具常用于调整地形的局部高度或形态，使其更符合设计需求。

选择【抹除】工具，在地形中单击或按住鼠标左键可以抹除之前创建的地形效果，如图6-13所示。使用【抹除】工具可以直接让地形恢复默认状态，不管是创建的凸出地形，还是凹陷地形，都可以恢复，而且不同于直接撤回上一步，【抹除】工具是从当前地形一点点复原的。

图6-12

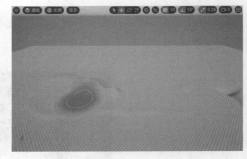

图6-13

6.2.4 【平滑】工具

【雕刻】工具栏中的【平滑】工具用于平滑地形和调整高度，如图6-14所示，以减少地形的突兀和不连续之处，使地形过渡更加自然，表面更加均匀。【平滑】工具常用于修复地形的粗糙或不规则之处，也可用于消除地形上的尖锐边缘和凹凸不平的部分。这个工具有助于优化地形的外观，使其更符合设计意图，并提高场景的视觉质量。

图6-14

选择【平滑】工具，在地形中单击或按住鼠标左键就可以平滑之前创建的尖锐边缘和凹凸不平的部分，如图6-15和图6-16所示。

图6-15

图6-16

6.2.5 【平整】工具

【雕刻】工具栏中的【平整】工具用于将地形调整为统一的高度，如图6-17所示，使其呈现出平坦的外观，这个工具对于创建平坦的地形区域或调整地形的局部高度差非常有用。【平整】工具还可以用于创建道路、建筑基础等需要平坦表面的场景元素。使用【平整】工具，可以轻松调整地形，使其符合设计需求，从而提高场景的视觉质量。

图6-17

选择【平整】工具，在地形中单击或按住鼠标左键就可以为地形调整统一高度，如图6-18和图6-19所示。

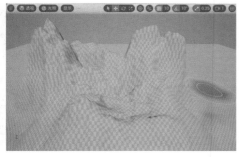

图6-18

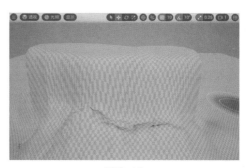

图6-19

6.2.6 【斜坡】工具

图6-20

【雕刻】工具栏中的【斜坡】工具可用于在地形上创建或调整斜坡，如图6-20所示，以模拟山坡、山脊等自然地形特征，使地形更具立体感和真实感。使用【斜坡】工具可以快速而精确地调整地形，为场景增添更多的细节和变化，提升视觉效果。

选择【斜坡】工具，在地形中单击就可以创建出一个【斜坡】图标，如图6-21所示。找好第二个位置再单击就可以创建第二个【斜坡】图标，如图6-22所示。可以通过移动图标决定斜坡的高度和长度，如图6-23所示。确定两个【斜坡】图标的位置后，再单击左侧窗口中的【添加斜坡】按钮，即可创建出斜坡地形，如图6-24所示。

图6-21

图6-22

图6-23

图6-24

6.2.7 【侵蚀】工具

图6-25

【雕刻】工具栏中的【侵蚀】工具用于模拟自然侵蚀过程对地形的影响，如图6-25所示。该工具可以帮助我们快速创建出具有自然细节和真实感的地形，并提升场景的视觉效果。

选择【侵蚀】工具，在地形中单击或按住鼠标左键就可以增加地形的侵蚀效果，如图6-26和图6-27所示。

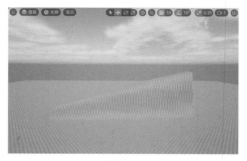

图6-26

图6-27

6.2.8 【水力】工具

【雕刻】工具栏中的【水力】工具用于模拟水流对地形的影响，如图6-28所示。该工具可以帮助我们在地形上创建出类似于河流、溪流等的地形，使场景更加生动和具有沉浸感，为场景增添更多的自然元素。

选择【水力】工具，在地形中单击或按住鼠标左键就可以创建具有水体特征的地形，如图6-29和图6-30所示。

图6-28

图6-29

图6-30

6.2.9 【噪点】工具

【雕刻】工具栏中的【噪点】工具用于在地形表面添加随机噪点，如图6-31所示，以增加地形的细节和变化。【噪点】工具常用于模拟地形的自然纹理和细微特征，快速而有效地增加地形的细节，为场景增添真实感。

选择【噪点】工具，在地形中单击或按住鼠标左键就可以增加地形的细节，如图6-32和图6-33所示。

图6-31

图6-32　　　　　　　　　　　　　　　图6-33

案例6-1：高山雕刻

1．创建地形

在Unreal Engine顶部的菜单栏中选择【文件】→【新建关卡】命令，在弹出的对话框中选择所需的【Basic】关卡并创建。进入【Basic】关卡后删除系统内置的地面，随后在上方工具栏中单击【选项模式】按钮 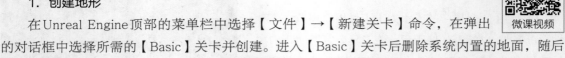，选择【地形】选项，进入地形模式。在Unreal Engine左侧可以看到基础的地形信息，单击【创建】按钮即可得到地形，如图6-34所示。

2．雕刻高山雏形

在【雕刻】工具栏中选择【雕刻】工具，在地形中雕刻出高山的雏形，如图6-35所示。注意山坡要有起伏变化，方便后续进行调整。

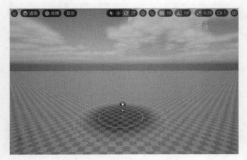
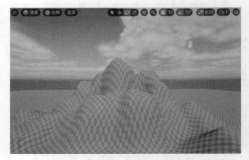

图6-34　　　　　　　　　　　　　　　图6-35

3．山坡整体调整

在雕刻高山的过程中难免会改动不需要有起伏的地方，这时候就需要用【抹除】工具、【平滑】工具和【平整】工具来调整山坡整体，如图6-36所示。

4．添加细节

使用【侵蚀】【水力】【噪点】等工具来为高山添加模拟真实地形的自然纹理和细微特征，使地形更具立体感和真实感，如图6-37所示。

图6-36

图6-37

6.3　笔刷类型及衰减方式

在 Unreal Engine 的地形编辑器中，可以选择不同类型的笔刷来进行地形编辑。默认笔刷用于普通的地形操作，Alpha 笔刷用于根据我们提供的 Alpha 贴图进行绘制，图案笔刷用于根据我们选择的图案进行绘制。此外，还可以选择不同的衰减方式来调整笔刷的效果。通过这些工具，可以灵活地对地形进行编辑，创造出丰富多样的地形效果。

6.3.1　默认笔刷

默认笔刷是地形编辑器中最基本的笔刷之一，如图6-38所示。可以使用默认笔刷进行常规的地形编辑操作，如升高、降低、平滑等。默认笔刷的大小和强度可以根据需要进行调整，从而实现对地形的精细化编辑。默认笔刷适用于大多数地形编辑工作，是地形编辑过程中常用的工具之一。该笔刷在视口中呈现出圆环的形状，在小圆区域，笔刷强度为100%，小圆到大圆之间是过渡部分，笔刷强度逐渐降低至0，如图6-39所示。

图6-38

图6-39

6.3.2　Alpha笔刷

Alpha 笔刷是 Unreal Engine 中的一种特殊的笔刷，允许使用 Alpha 贴图来定义笔刷的形状，如图6-40所示。可以将自定义的 Alpha 贴图应用到 Alpha 笔刷中，然后使用该笔刷在地形上绘制具有Alpha贴图形状的效果。Alpha笔刷通常用于创建具有特定纹理的地形区域，使地形更具个性。使用Alpha笔刷，可以实现更加自由和更具创造性的地形编辑效果。

Alpha笔刷在视口中默认为正方形，被等分成4个区域，在灰色区域笔刷强度为100%，在透明区域，笔刷强度为0，如图6-41所示。

图6-41

图6-40

6.3.3 图案笔刷

图案笔刷是Unreal Engine中的一种特殊的笔刷，如图6-42所示，它允许我们使用预设的图案来绘制地形。选择不同的图案，可以在地形上创建出各种纹理和图案，如草地、石头、沙土等，使地形看起来更加真实和生动。使用图案笔刷可以快速而有效地增加地形的细节和变化，为场景增添更多的自然元素。

图案笔刷在视口中默认为圆环加方格的形状，在小圆区域，笔刷强度为100%，小圆与大圆之间是衰减区域，笔刷强度逐渐降低至0，和默认笔刷相同。在灰色方格中笔刷会产生作用，在透明方格中则不会产生作用，和Alpha笔刷相同，如图6-43所示。

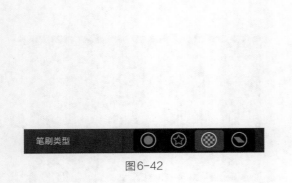

图6-42

图6-43

6.3.4 衰减方式

在Unreal Engine的笔刷中，只有默认笔刷可以调整衰减方式，如图6-44所示。可以选择的衰减方式有4种，分别是平滑衰减、锐化和线性衰减、球形衰减、尖端衰

图6-44

减。这些衰减方式可以根据需要进行选择和调整，以实现不同的地形编辑效果。

1. 平滑衰减

平滑衰减会使笔刷的效果从笔刷内部到边缘逐渐减弱，使编辑对象更加平滑自然，如图6-45所示。

2. 锐化和线性衰减

锐化和线性衰减使笔刷的作用范围呈现出明显的边界，使笔刷的效果从中心向边缘均匀减弱，如图6-46所示。

图6-45

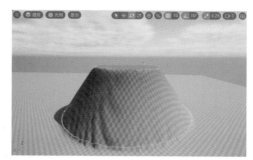
图6-46

3. 球形衰减

球形衰减使笔刷的作用范围呈现出球形，笔刷效果从笔刷中心向四周逐渐减弱，如图6-47所示。

4. 尖端衰减

尖端衰减使笔刷的作用范围呈现出具有尖端的形状，中心部分效果最强，向外逐渐减弱，如图6-48所示。

图6-47

图6-48

■■ 案例 6-2：山坡局部调整

学习了不同的笔刷类型和衰减方式后，可以返回之前的高山案例重新调整山坡形状，使其更加自然，更接近真实世界的形状。

微课视频

1. 调整山坡局部高度

通过Alpha笔刷和图案笔刷配合【雕刻】工具来调整山坡局部高度，使其造型更加协调，如图6-49所示。

2. 增加山坡局部细节

通过Alpha笔刷和图案笔刷配合【侵蚀】【水力】【噪点】等工具来增加山坡局部细节，使其细节更加丰富和无序，更接近自然，如图6-50所示。

图6-49

图6-50

6.4 参数调节

在Unreal Engine中，可以调节【工具强度】和【笔刷尺寸】来控制地形编辑的效果。【工具强度】决定了编辑操作的强度，【笔刷尺寸】则决定了编辑操作的范围。调节这两个参数，可以灵活控制地形编辑的效果，从而实现对地形的精细化调整和细节处理。

6.4.1 工具强度

在Unreal Engine的【地形】窗口的【工具设定】栏中可以看到【工具强度】参数，如图6-51所示。调节该参数可以控制编辑操作的强度，较高的强度会使编辑效果更加明显，较低的强度则会产生较为柔和的效果。调节【工具强度】，可以根据需要对地形进行精细或广泛的编辑，实现不同程度的地形调整和处理。

图6-51

6.4.2　笔刷尺寸

　　【笔刷尺寸】是指笔刷的大小或作用范围。在Unreal Engine的【地形】窗口中的【笔刷设置】栏找到【笔刷尺寸】参数，如图6-52所示。调节【笔刷尺寸】可以控制编辑操作的范围，较大的尺寸会影响更广泛的地形区域，较小的尺寸则会影响局部的地形细节。调节【笔刷尺寸】，可以根据需要对地形进行粗略或精细的编辑，实现对不同尺寸的地形特征的调整和处理。

图6-52

6.5　地形材质制作

　　在Unreal Engine中制作地形材质涉及多个步骤：创建材质球，添加草地、泥土、岩石贴图，创建【MakeMaterialAttributes】节点和【Landscape Layer Blend】节点，转为材质属性节点，创建控制节点和实例材质球，替换地形材质和创建权重混合层。通过这些步骤，可以创建出具有丰富纹理和细节的地形材质，使地形更加生动和多样。

6.5.1　创建材质球

　　想要创建地形材质，需要创建一个材质球，在【内容浏览器】的【内容】文件夹中新建文件夹，重命名为【草地地形】，如图6-53所示。

　　打开【草地地形】文件夹，右击，在弹出的快捷菜单中选择【材质】命令，将创建的材质球重命名为【草地】，如图6-54所示。

图6-53

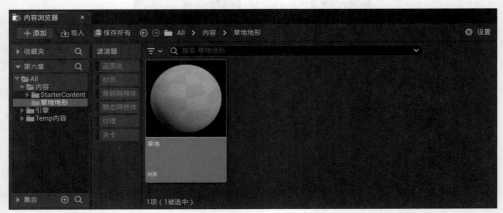

图6-54

6.5.2 添加草地、泥土、岩石贴图

进入【草地】材质球的材质编辑器界面,在【内容浏览器】左侧单击【StarterContent】文件夹,在【滤波器】栏中选择【纹理】选项,如图6-55所示。

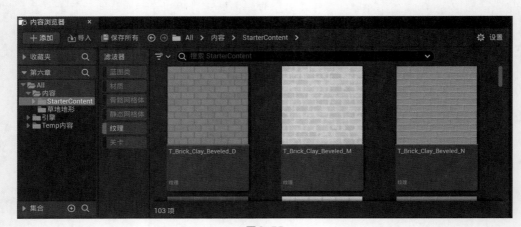

图6-55

在筛选出的纹理贴图中，将草地、泥土、岩石的颜色贴图和法线贴图拖入【草地】材质球的材质编辑器界面，如图6-56所示。

6.5.3 创建【MakeMaterialAttributes】节点

如果想要将草地、泥土、岩石贴图都贴到同一个材质球上，就需要用到【MakeMaterialAttributes】节点。在编写材质基础区域右击，通过弹出的快捷菜单即可创建【Make-MaterialAttributes】节点，随后再复制两个，将3个不同的颜色贴图贴到不同【MakeMaterialAttributes】节点的【Base-Color】，然后将3个不同的法线贴图贴到不同【MakeMaterial-Attributes】节点的【Normal】，如图6-57所示。

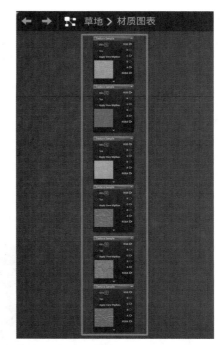

图6-56

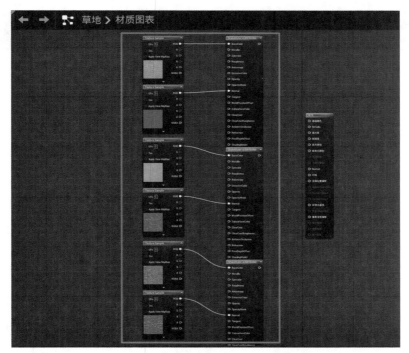

图6-57

6.5.4 创建【Landscape Layer Blend】节点

在将草地、泥土、岩石贴图的节点连接到对应的【MakeMaterialAttributes】节点以后，还需要一个混合节点将3个【MakeMaterialAttributes】节点连接到一起，这个节点就是【Landscape Layer Blend】节点。在编写材质基础区域右击，通过弹出的快捷菜单即可创建【Landscape Layer Blend】节点，如图6-58所示。

图6-58

在材质编辑器界面左侧找到【细节】选项卡，在【细节】选项卡下方的【材质表达式地形层混合】栏找到【图层】选项，然后单击【图层】选项右侧的【添加元素】按钮⊕，因为有草地、泥土、岩石3份贴图，所以需要单击3次，如图6-59所示。在【Landscape Layer Blend】节点中，将各元素依次命名为【Layer草地】【Layer泥土】【Layer岩石】，如图6-60所示。最后将3个【MakeMaterialAttributes】节点分别连接到【Landscape Layer Blend】节点的【Layer草地】【Layer泥土】【Layer岩石】即可，如图6-61所示。

图6-59

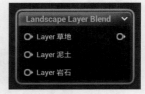

图6-60

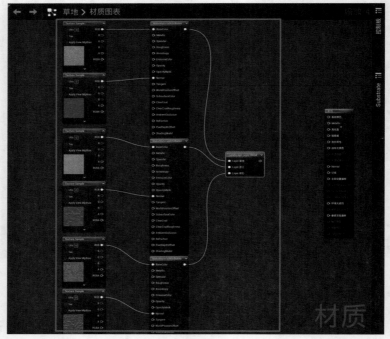

图6-61

6.5.5 转为材质属性节点

连接完【Landscape Layer Blend】节点以后，不能直接将【Landscape Layer Blend】节点连接到材质结果节点，因为目前材质结果节点上并没有能连接的圆点，所以这里要将材质结果节点转化为材质属性节点。单击材质结果节点，随后在材质编辑器界面左侧找到【材质】栏，展开后找到并勾选【使用材质属性】复选框，如图6-62所示。材质结果节点变为单一节点，如图6-63所示，将【Landscape Layer Blend】节点直接连接到材质属性节点即可，如图6-64所示。

图6-62

图6-63

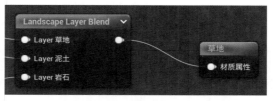

图6-64

6.5.6 创建控制节点

在制作材质球时往往需要建立许多控制节点以便后期进行调整，像这里就需要建立UV缩放的控制节点来统一调整贴图大小。在编写材质基础区域中按住U键，单击创建UV控制节点，利用这个控制节点来影响纹理的密度。然后按住M键，单击创建Multiply节点。再按住S键，单击创建参数节点，并重命名为【UV】。将这3个节点分别连接，再将Multiply节点连接到6张纹理贴图的【UVs】，如图6-65所示，最后单击材质编辑器界面左上角的【应用】按钮，即可将贴图效果应用到材质球上。

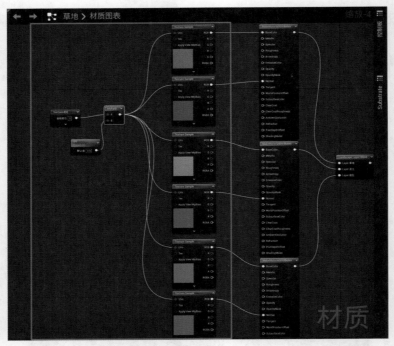

图6-65

6.5.7 创建实例材质球

在将制作的地形材质应用到地形之前，需要创建实例材质球。回到【草地地形】文件夹，找到【草地】材质球，右击【草地】材质球，在打开的快捷菜单中选择【创建材质实例】命令，得到【草地_Inst】实例材质球，如图6-66所示。

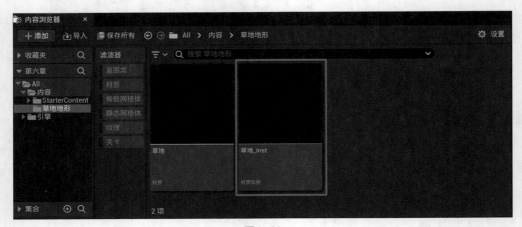

图6-66

6.5.8 替换地形材质

选中需要替换地形材质的地形，在右侧【细节】选项卡中找到【地形材质】，将【草地_Inst】

实例材质球直接拖曳至【地形材质】上即可，如图6-67所示。

图6-67

6.5.9　创建权重混合层

在Unreal Engine左侧切换到【绘制】工具栏，然后在下方展开【层】就可以看到【草地】【泥土】【岩石】层了，如图6-68所示。单击每个层右侧的【创建层信息】按钮➕，选择【权重混合层】选项，这样一个草地地形材质就制作好了，如图6-69所示。

图6-68

图6-69

6.5.10　绘制地形材质

如果在替换地形材质后，需要对当前地形的局部材质进行重新绘制，比如应用了最开始制作的草地地形材质，需要地形局部为泥土，而不是全部都是草地，这时候就需要用到【绘制】工具栏中的【绘制】功能。想要在图6-70的红框区域呈现出第二层的【泥土】材质，只需在地形编辑器中选中【层】中的【泥土】层，如图6-71所示，随后在红框区域直接单击或按住鼠标左键拖曳鼠标绘制即可，如图6-72所示。

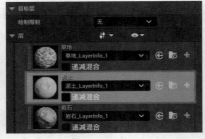

图6-70   图6-71   图6-72

案例6-3：高山地形材质制作

1. 创建高山地形材质球

在【内容浏览器】中新建文件夹，重命名为【高山地形】，随后打开【高山地形】文件夹，右击，在弹出的快捷菜单中选择【材质】命令，将创建的材质球重命名为【高山】，如图6-73所示。

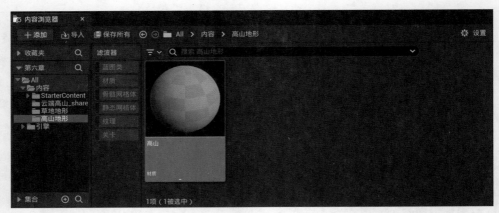

图6-73

2. 编辑高山材质球节点

在【内容浏览器】中打开【StarterContent】文件夹，随后在【滤波器】栏中选择【纹理】选项，在纹理贴图中挑选合适的高山地形贴图。这里需要注意的是，因为高山不同于草地，所以只需要挑选【泥土】和【岩石】纹理贴图。将挑选好的纹理贴图直接拖入【高山】材质球的材质编辑器中，如图6-74所示。

在编写材质基础区域中创建两个【MakeMaterialAttributes】节点，将4张纹理贴图连接到对应节点。随后再创建【Landscape Layer Blend】节点，单击【Landscape Layer Blend】节点，在左侧的【图层】栏中添加两层元素，并重命名为【Layer高山表面】和【Layer高山岩石】，将【Make-MaterialAttributes】节点和【Landscape Layer Blend】节点与贴图连接到一起，再将材质结果节点转换为材质属性节点，与【Landscape Layer Blend】节点连接到一起，如图6-75所示。

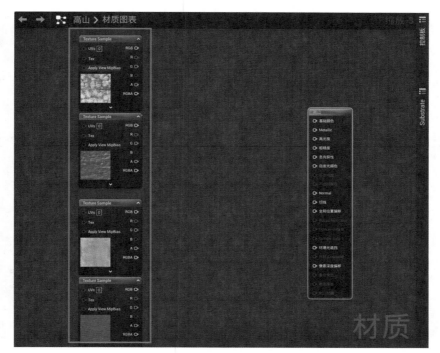

图6-74

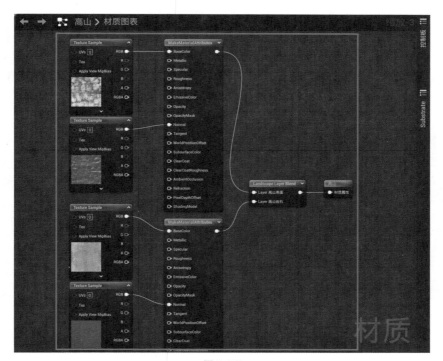

图6-75

在关闭材质编辑器之前，还需要创建UV控制节点、Uultiply节点、参数节点，以控制4张纹理贴图的缩放，如图6-76所示，最后单击材质编辑器界面左上角的【应用】按钮，完成节点编辑。

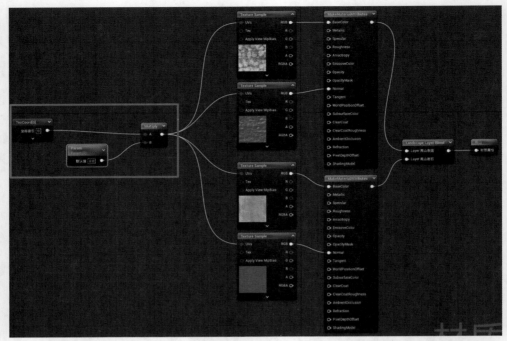

图6-76

3. 应用实例材质

完成【高山】材质球的节点编辑后，还需要创建【高山】材质的实例材质【高山_Inst】，随后将【高山_Inst】实例材质替换到高山地形上面，如图6-77所示。

在【绘制】工具栏下方展开【层】，随后单击每个层右侧的【创建层信息】按钮➕，选择【权重混合层】选项，这样高山地形材质就制作好了，如图6-78所示。

图6-77

图6-78

6.6 课堂案例："峰峦叠嶂"地形绘制

微课视频

本章的课堂案例是"峰峦叠嶂"地形绘制。在本案例中，将运用所学的知识，使用地形模块创建起伏的山峰地形，利用不同类型的笔刷和衰减方式精细地塑造山脉的形态。此外，将运用制作地形材质的知识，添加适合山地环境的贴图，为场景增添真实感。通过这个案例，我们将学会如何利用 Unreal Engine 的地形系统创建出壮丽的山脉景观，为游戏世界营造自然的氛围。

6.6.1　雕刻山峰

创建一个新的地形关卡，并重命名为【峰峦叠嶂】，如图 6-79 所示。随后切换为地形模式，利用不同的笔刷工具，并调整笔刷的尺寸和强度来雕刻出连绵不绝的山峰雏形，如图 6-80 所示。

图 6-79

图 6-80

6.6.2　局部调整

雕刻好山峰雏形以后，还需要对山峰局部进行调整，这时候就需要用到【侵蚀】【水力】【噪点】等工具，在调整过程中可更改这几样工具的笔刷大小和强度，以及选用不同类型的笔刷，这里推荐使用 Alpha 笔刷，调整后的效果如图 6-81 所示。

图 6-81

6.6.3　地形材质制作

在【内容浏览器】中新建文件夹并重命名为【峰峦叠嶂】，打开【峰峦叠嶂】文件夹后再新建材质球并重命名为【峰峦叠嶂地形】，如图 6-82 所示。

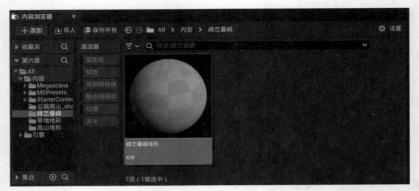

图6-82

在【StarterContent】文件夹中找到适合地形的纹理贴图，分别对应【草地】【泥土】【岩石】3种纹理，随后将贴图拖入材质编辑器界面中，并添加相关节点，如图6-83所示。

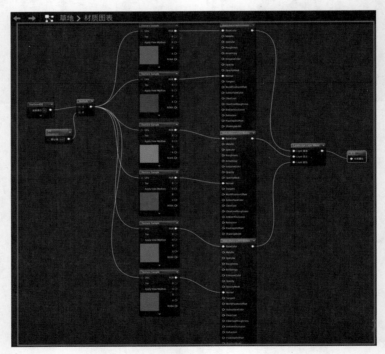

图6-83

创建【峰峦叠嶂】材质的实例材质并替换当前地形材质，随后在左侧的【层】中创建权重混合层，就可以得到想要的地形材质效果，如图6-84所示。

图6-84

6.6.4 绘制材质

在本案例的地形中，如果希望山峰顶部没有草地材质，从山脚到山峰有材质的过渡效果，就需要用到【绘制】工具栏中的【绘制】工具。单击【层】中的【泥土】材质，随后在视口中对山峰进行绘制，如图6-85所示。最后单击【层】中的【岩石】材质，在山峰处进行绘制，如图6-86所示，这样地形就制作完成了。

图6-85

图6-86

6.7 知识拓展

在Unreal Engine中编辑地形时，除了使用基本的贴图，还可以使用高度图和法线贴图来增强地形的真实感。此外，也可以尝试使用材质层混合和细节纹理来创建更加丰富多样的地形效果；还可以利用蓝图系统和触发器等功能实现地形的动态变化，例如，根据玩家行为或游戏事件改变地形的外观或形状，从而增强游戏的互动性和真实感。

在地形中模拟水体可以使场景更加生动。可以使用Unreal Engine提供的水体系统或水面材质来实现不同类型的水体，如湖泊、河流等。

这些拓展知识可以帮助我们进一步了解和应用Unreal Engine中地形系统的功能，创造出更加丰富和生动的游戏世界。

6.8 课后练习：沙漠地形绘制

微课视频

本章课后练习是沙漠地形绘制，效果如图6-87所示。通过本次练习，我们将利用Unreal Engine的地形系统创建一个沙漠地形。首先使用地形模块创建一个平坦的基础地形。然后利用不同的笔刷和衰减方式，塑造出沙丘和沙漠特有的起伏地形。接着添加适合沙漠环境的地形材质，如沙漠沙土、沙砾和岩石等，为沙漠地形增添细节。通过这个练习，我们将学会运用Unreal Engine的地形系统创建出逼真的沙漠地形，为场景增添独特的地形风貌。

图6-87

第7章

7

植被系统详解

在Unreal Engine中，植被系统扮演着关键角色，帮助我们创建丰富多彩的自然环境。通过植物模块和植物模块工具栏，我们可以轻松地添加、布置和编辑各种植物。LOD优化机制确保了游戏的性能和质量平衡，而启用Nanite支持则为更高品质的植被渲染提供了可能。

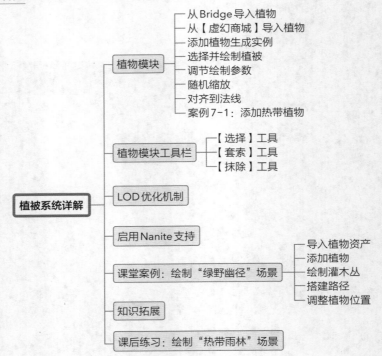

本章学习目标

1. 掌握植物模块的基本操作，包括添加、编辑和布置植物。
2. 理解植物模块工具的功能和使用方法，以提高植物布置效率和质量。
3. 熟悉LOD优化机制的原理和应用方法，以确保游戏的性能和质量平衡。

本章知识结构

植被系统详解
- 植物模块
  - 从 Bridge 导入植物
  - 从【虚幻商城】导入植物
  - 添加植物生成实例
  - 选择并绘制植被
  - 调节绘制参数
  - 随机缩放
  - 对齐到法线
  - 案例7-1：添加热带植物
- 植物模块工具栏
  - 【选择】工具
  - 【套索】工具
  - 【抹除】工具
- LOD 优化机制
- 启用 Nanite 支持
- 课堂案例：绘制"绿野幽径"场景
  - 导入植物资产
  - 添加植物
  - 绘制灌木丛
  - 搭建路径
  - 调整植物位置
- 知识拓展
- 课后练习：绘制"热带雨林"场景

7.1 植物模块

本节将通过从Bridge导入植物或从【虚幻商城】获取植物资源，可以在Unreal Engine中轻松创建丰富多样的植物。在植物模块中，可以添加各种类型的植物并生成实例，使用绘制工具进行植物的布置，通过调节参数实现细致的控制，如随机缩放和对齐法线，以打造出逼真的植物场景。

7.1.1 从Bridge导入植物

打开Unreal Engine，随后在上方工具栏中单击【快速添加到项目】按钮 ，选择【Quixel Bridge】选项，打开【Quixel Bridge】资产库，如图7-1所示。在【Home】界面左侧菜单栏中选择【3D Plants】选项，即可筛选出资产库的植物资产，如图7-2所示。

图 7-1

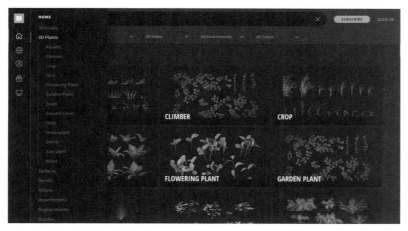

图 7-2

选择想要的植物资产，以蕨类植物为例，在预览窗口中选择【FERN】选项，即可查看所有蕨类植物资产，如图 7-3 和图 7-4 所示。

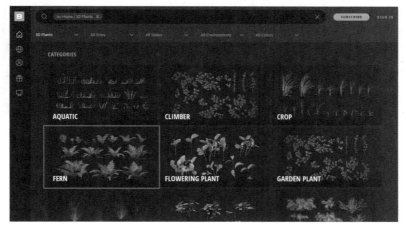

图 7-3

图7-4

选择合适的蕨类植物，随后在右侧窗口中单击【Download】按钮下载，如图7-5所示。下载成功后单击【Add】按钮，即可将其导入当前的Unreal Engine项目工程中，如图7-6所示。

图7-5

图7-6

7.1.2 从【虚幻商城】导入植物

打开Epic Games Launcher，随后在上方导航栏中单击【虚幻商城】选项卡，进入【虚幻商城】以后，需要对下载的资产进行筛选，在搜索框中搜索【plant】，如图7-7所示。

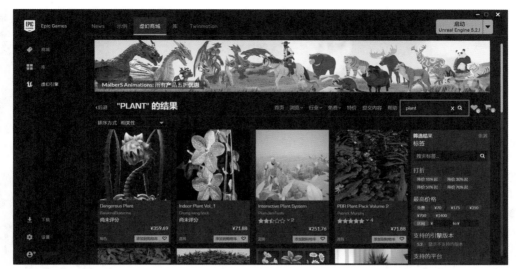

图7-7

在筛选结果中选择合适的植物资产并下载，下载成功后单击【添加到工程】按钮，如图7-8所示，选择要导入的项目工程，这样就将【虚幻商城】的植物资产导入项目工程中了，如图7-9所示。

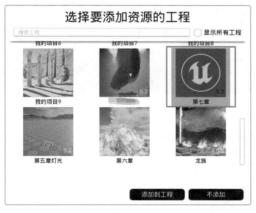

图7-8

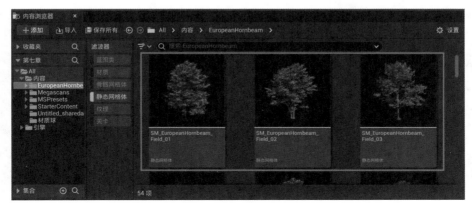

图7-9

7.1.3 添加植物生成实例

在上方工具栏中单击【选项模式】按钮 选项模式 ∨，选择【植物】选项，如图7-10所示，进入植被系统，如图7-11所示。

进入植被系统后，可以看到左侧窗口下方显示【＋将植物放在此处】，如图7-12所示，只需将刚刚导入的植物资产从【内容浏览器】中拖到此处，即可将拖入的植物资产变成实例资产，如图7-13所示。

图7-10

图7-11

图7-12

图7-13

7.1.4　选择并绘制植被

　　在将导入的植物资产转变为实例资产以后，可以在左侧窗口上方选择【绘制】工具，如图7-14所示。然后在下方选择要绘制的植被类型，可以只选择一个植被类型，也可以选择全部植被类型，如图7-15所示。选择植被类型后，就可以直接在视口中单击或拖曳鼠标来绘制植被了，如图7-16所示。

图7-14

图7-15

图7-16

7.1.5　调节绘制参数

　　在Unreal Engine植被系统左侧可以调节当前的绘制参数，如图7-17所示，例如，可以调节【笔刷尺寸】【绘制密度】等。

图7-17

7.1.6 随机缩放

默认情况下，绘制的同一植被的大小是完全相同的，如果想要植被大小随机，每一株植物的大小都不相同，则单击想要改变的植被类型，在下方【绘制】栏中找到【缩放X】选项，如图7-18所示，在右边的【最小】输入框中输入随机缩放的最小值【0.5】，在【最大】输入框中输入随机缩放的最大值【1.5】，这时再在视口中绘制植被就会发现植被大小随机，且最小的植物是默认大小的0.5倍，最大的植物是默认大小的1.5倍，如图7-19所示。

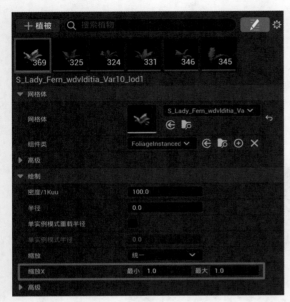

图7-18

图7-19

7.1.7 对齐到法线

默认情况下绘制植被时，植被会沿着当前地形的朝向放置，如图7-20所示。这是因为系统自动勾选了【细节】栏中【放置】栏下方的【对齐到法线】复选框，如图7-21所示。

图7-20

图7-21

━━ **案例7-1：添加热带植物** ━━━━━━━━━━

在【Quixel Bridge】资产库或【虚幻商城】中找到喜欢的热带植物，然后导入项目工程中，如图7-22所示。

微课视频

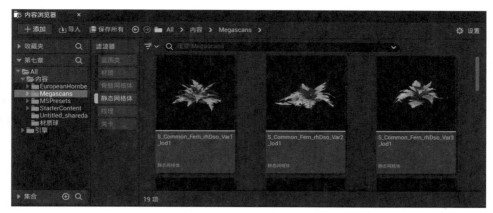

图7-22

在上方工具栏中单击【选项模式】按钮，选择【植物】选项以切换到植被系统，再将刚刚导入的热带植物资产拖到【+将植物放在此处】所在位置，如图7-23所示。

图7-23

选择想要绘制的植被类型，如图7-24所示，就可以在视口中绘制热带植物了，如图7-25所示。

图7-24

图7-25

7.2 植物模块工具栏

在植物模块工具栏中，除了最常用的【绘制】工具，还可以找到3个关键工具：【选择】工具、
【套索】工具和【抹除】工具。【选择】工具用于操作已放置的植物实例，【套索】工具用于在使用
笔刷绘制时，选中所有与当前所选植被类型相同的植物实例，而【抹除】工具则用于移除不需要的
植物实例。这些工具为我们创建和管理植物提供了便利。

7.2.1 【选择】工具

植物模块工具栏中的【选择】工具用来选中场景中已经放置的植物实例，如图7-26所示。使
用【选择】工具，可以选中场景中的植物，然后对其进行移动、旋转、缩放或其他编辑操作，如图
7-27所示。这个工具对于调整植物的位置、方向和大小非常有用，可帮助我们更好地管理和编辑
植物，使其更好地融入场景中。

图7-26

图7-27

7.2.2 【套索】工具

植物模块工具栏中的【套索】工具是一个非常便捷的工具，如图7-28所示，该工具用于在绘
制时选中所有与当前所选植被类型相同的植物实例。当需要批量编辑相同类型的植物时，可以使用
【套索】工具快速选中它们，而无须逐个选中，如图7-29所示。这样可以提高工作效率，并使植物
的管理和编辑更加便捷。

图7-28

图7-29

7.2.3 【抹除】工具

植物模块工具栏中的【抹除】工具用来移除场景中已经绘制的植物实例，如图7-30所示。当需要调整场景中的植物分布或者删除特定位置的植物时，可以使用【抹除】工具。选择【抹除】工具，在场景中拖动鼠标，可以将所选区域内的植物实例删除，如图7-31所示，从而进行场景的编辑和调整。这使得植物的管理和场景的修改更加灵活和高效。

图7-30

图7-31

7.3 LOD 优化机制

LOD（Level of Detail，多细节层次）优化机制是一种用于提高渲染性能的技术，它根据物体与摄像机的距离动态调整物体的细节级别。在植物模块中，LOD优化机制可以根据植物与摄像机的距离，自动切换植物模型的不同级别。通常，当植物远离摄像机时，使用较少细节的模型，以减少渲染开销，如图7-32所示。而当植物靠近摄像机时，会切换到更多细节的模型，以提供更高质量的显示效果，如图7-33所示。这样可以在不影响视觉质量的情况下，有效减少渲染所需的计算资源，提高游戏性能和运行效率。

图7-32

图7-33

7.4 启用 Nanite 支持

Nanite是Unreal Engine中的一项革命性技术，它是一种基于光栅化的实时渲染技术，旨在实现高品质、高性能的图形渲染。Nanite通过将场景中的几何体分割成微小的三角形片段，并使用基于GPU（Graphics Processing Unit，图形处理单元）的几何着色器来处理和渲染这些片段，从而实现实时渲染大规模复杂场景的目标。这种技术使得开发者可以在不牺牲画面质量的情况下，实现更大规模的场景渲染，并提高游戏的运行效率和性能。双击导入的模型资产，就可以看到详细的模型细节，如图7-34所示。在右侧【细节】选项卡的【Nanite设置】栏下方勾选【启用Nanite支持】复选框，如图7-35所示。

图7-34

图7-35

7.5 课堂案例：绘制"绿野幽径"场景

微课视频

本章的课堂案例是通过Unreal Engine绘制"绿野幽径"场景。我们的任务是利用学到的知识布置各种植被和地形元素，打造出迷人的自然环境。可以使用Bridge导入各种植物资产，并通过植物模块工具栏中的【选择】工具、【套索】工具和【抹除】工具精确放置和编辑植物实例。最后尝试使用Nanite技术提升植被的渲染效果，让场景更加逼真。完成后，将创造出令人心旷神怡的

"绿野幽径"场景。

7.5.1 导入植物资产

在【Quixel Bridge】资产库或【虚幻商城】中下载合适的植物资产，将其导入项目工程中，例如，道路旁一般都会有灌木丛，所以可以先导入灌木丛资产，如图7-36所示。

图7-36

随后导入一些花草资产，如图7-37所示。最后为了搭建路径，再导入一些比较方正的石块资产，如图7-38所示。

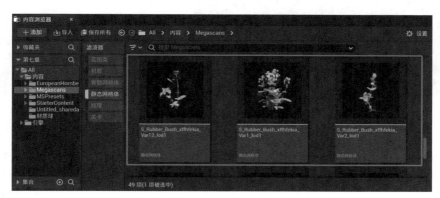

图7-37

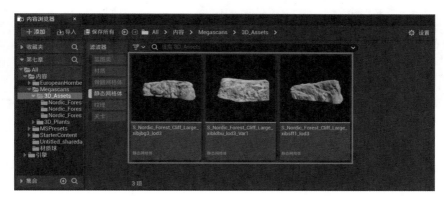

图7-38

7.5.2 添加植物

在Unreal Engine上方的工具栏中单击【选项模式】按钮 【选项模式 ∨】，选择【植物】选项，进入植被系统，将刚刚导入的植物资产拖到【+将植物放在此处】所在位置，如图7-39所示。

图7-39

7.5.3 绘制灌木丛

在植被类型中选择想要绘制的灌木丛植被类型，如图7-40所示，就可以在视口中利用【绘制】【选择】【套索】等工具绘制灌木丛了，如图7-41所示。

图7-40

图7-41

绘制好灌木丛以后，还需要添加一些花花草草，在植被类型中选择花草植被类型，如图7-42所示，随后在视口中绘制花草即可，如图7-43所示。

图7-42

图7-43

7.5.4 搭建路径

绘制好路边的植被以后就可以搭建路径了，在【内容浏览器】中找到刚刚导入的石块资产，如

图7-44所示。将石块资产直接拖入视口中，随后调整大小、方向和位置，最终效果如图7-45所示。

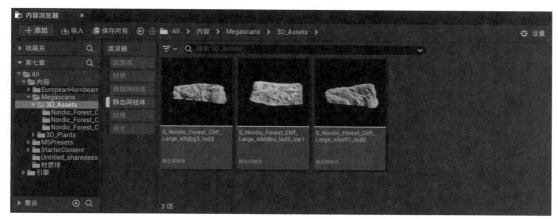

图7-44

图7-45

7.5.5 调整植物位置

在大致搭建好场景后，需要对植物实例的位置进行调整，因为不管是【套索】工具还是【抹除】工具，其调整都是范围性的，很难对单个植物实例进行细微调整，所以这里采用【选择】工具来对植物实例进行微调，如图7-46所示。有许多植物实例放置在了石头上，这在现实生活中是不太能见到的，这里将它们选中并挪走，这样"绿野幽径"场景就搭建好了，如图7-47所示。

图7-46

图7-47

7.6 知识拓展

　　想要搭建出逼真的植物环境，就要了解植物的生长习性、适应环境的能力，以及与周围生态系统的相互作用，以便更好地选择和布置植物。此外，学习如何使用不同类型的植物模型和贴图，并结合材质和着色技术，可以创造出更加逼真和生动的植被效果。还可以探索如何利用植物的动态效果，如风吹草动和叶片摇摆，增强游戏场景的交互性和真实感。另外，了解植被在游戏中的优化方法也是很重要的，包括使用LOD技术和优化植物的数量和分布情况，以提高游戏性能。通过不断地学习和实践，可以提升植物模块的应用水平，创造出更加精彩和引人入胜的场景。

微课视频

7.7 课后练习：绘制"热带雨林"场景

　　本章的课后练习是利用Unreal Engine创建逼真的"热带雨林"场景，效果如图7-48所示。通过所学的知识，布置各种热带雨林特有的植物和地形元素，打造出逼真的热带雨林探索场景。可以使用Bridge导入热带雨林中的植物资产，并利用植物模块工具栏中的【选择】工具、【套索】工具和【抹除】工具进行精确的植物布置和编辑。还要考虑场景的细节，添加适当的地形特征和光照效果，营造出真实而生动的氛围。

图7-48

第 8 章

Nanite 网格体及
Bridge 材质球介绍

本章将学习 Nanite 网格体和 Bridge 材质球。Nanite 网格体是 Unreal Engine 中的一项技术，可实现高效渲染大量细节模型。Bridge 材质球包含丰富的参数，可调整参数为场景增添更多细节。通过学习本章内容，我们将深入了解 Nanite 网格体和 Bridge 材质球的应用方法。

本章学习目标

1. 了解Nanite网格体技术的原理和应用方法。
2. 掌握Bridge材质球的基本概念和使用方法，学习如何在Unreal Engine中应用Bridge材质球来增强场景的真实感。

本章知识结构

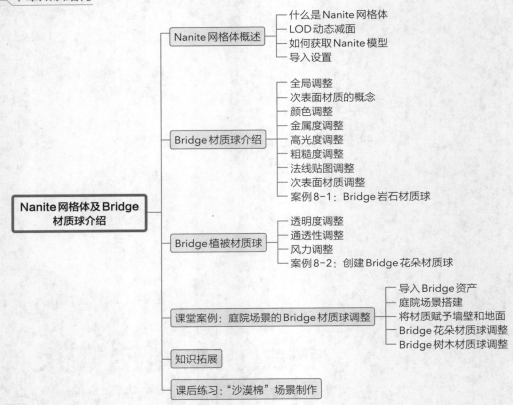

8.1 Nanite网格体概述

在本节中，我们将深入探讨Nanite网格体技术，了解其是如何实现LOD动态减面高效渲染的；还将学习如何获取Nanite模型，并探讨在Unreal Engine中如何导入和设置这些模型，以便在项目中更好地利用Nanite网格体技术。

8.1.1 什么是Nanite网格体

Nanite网格体是Unreal Engine中的一种新的几何体渲染技术，它可以实现大规模场景中几何体的高效渲染。与传统的多边形渲染技术不同，Nanite网格体使用了一种称为"光线追踪像素"的技术，可以在渲染时动态减少多边形的数量，从而大大提高渲染效率。

8.1.2　LOD动态减面

LOD动态减面是一种优化技术，用于在远距离或需要更少细节的情况下减少模型的多边形数量。它根据模型在场景中的相对距离或大小，自动选择合适的模型细节级别，以保持性能稳定。在LOD动态减面中，当观察者接近模型时，会逐渐将模型切换到更高分辨率的模型，从而呈现更多的细节；而当观察者远离模型时，则会将模型切换到更低分辨率的模型，减少多边形数量，以提高性能。

8.1.3　如何获取Nanite模型

1. 从【Quixel Bridge】资产库下载Nanite模型

通过【Quixel Bridge】资产库下载Nanite模型，首先在【Quixel Bridge】资产库【HOME】界面左侧菜单栏中选择【3D Assets】选项，如图8-1所示，找到想要下载的模型，随后单击该模型，就可以在右侧的详细信息中选择【Nanite】选项并进行下载，如图8-2所示。

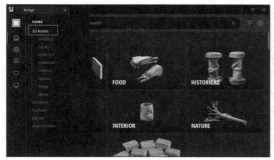
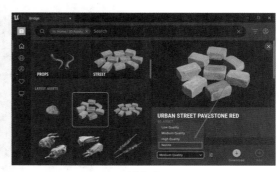

图8-1　　　　　　　　　　　　　　　　　　　图8-2

2. 外部模型资产导入

将从【Quixel Bridge】资产库下载的Nanite模型导入Unreal Engine项目工程中，如图8-3所示。也可以在【虚幻商城】下载Nanite模型，如图8-4所示。

图8-3　　　　　　　　　　　　　　　　　　　图8-4

8.1.4　导入设置

在获取Nanite模型时，还可以导入本身不是Nanite的模型，然后通过Unreal Engine的编译功能在导入设置中将其转变为Nanite模型，如图8-5所示。这也是一个常用的获取Nanite模型的方法，且大大简化了获取模型的过程。这样，就可以在其他DCC软件中建模，随后通过导入再编译的方法将其转变为Nanite模型。

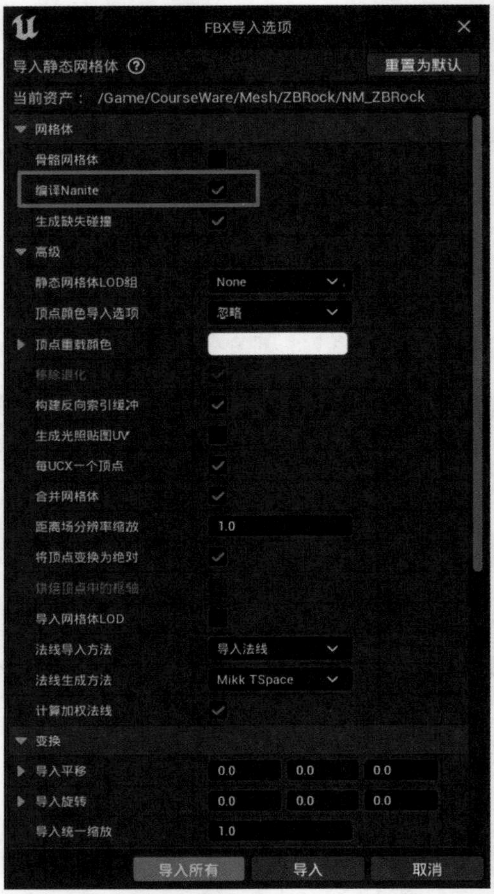

图8-5

8.2 Bridge材质球介绍

在本节中，我们将探索Bridge材质球丰富的功能，包括全局调整，次表面材质的概念，颜色、金属度、高光度、粗糙度、法线贴图以及次表面材质的调整等内容。我们将学会如何对材质进行精细调整，从而实现各种视觉效果，并为场景增添更多细节和真实感。

8.2.1 全局调整

从【Quixel Bridge】资产库中下载的Bridge材质球具有许多可以调节的参数。在【Quixel Bridge】资产库【HOME】界面左侧菜单栏中选择【Surfaces】选项，如图8-6所示。随后下载一个Bridge材质球，在【内容浏览器】中双击该材质球，打开材质编辑器界面，如图8-7所示。

图8-6

图8-7

在界面右侧的【细节】选项卡中可以看到【00 - Global】栏，用于进行全局调整，调整【00 - Global】栏下方的参数，可以改变材质球的纹理密度，以及纹理偏移和旋转方向。展开【Tiling/Offset】，调整下方的【Tiling X】和【Tiling Y】参数即可改变纹理密度，如图8-8所示，参数值越大，纹理密度越大。例如，将【Tiling X】和【Tiling Y】参数值统一改为10，密度就会变为默认的10倍，如图8-9所示。

图8-8

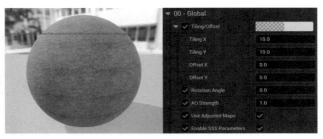

图8-9

8.2.2　次表面材质的概念

次表面材质指的是能够透过一层表面反射并在其下方散射光线的材质。【00 - Global】栏中有

【Enable SSS Parameters】复选框，如图8-10所示，
该复选框代表是否启用次表面材质参数。在数字渲染
中，次表面材质常用于模拟半透明材质，如玻璃、水
等，能够产生光线在物体内部散射的效果，增强材质
的真实感。调整次表面材质的参数，可以控制光线的
穿透深度、颜色散射和透明度等属性，从而实现不
同材质的效果。

图8-10

8.2.3 颜色调整

材质编辑器界面右侧的【细节】选项卡中的【01 - Albedo】栏可用于进行颜色调整，如图8-11所
示。调整【Albedo Tint】的颜色可改变Bridge材质球整体的色调。例如，将【Albedo Tint】的颜
色改为蓝色，那么Bridge材质球的整体色调就会偏蓝，如图8-12所示。

图8-11

图8-12

8.2.4 金属度调整

从【Quixel Bridge】资产库中下载一个金属材质球，如图8-13所示。双击该材质球，材质编
辑器界面右侧的【细节】选项卡中的【02 - Metallic】栏可用于调整金属度，如图8-14所示。可以调
整【Metallic Map Intensity】参数值来改变Bridge材质球金属部分的强度，如图8-15所示。

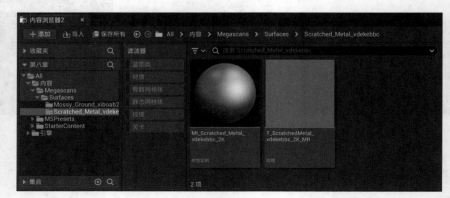

图8-13

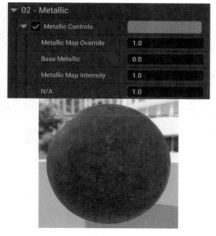

图8-14

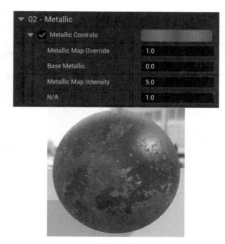

图8-15

8.2.5 高光度调整

　　材质编辑器界面右侧的【细节】选项卡中的【03-Specular】栏可用于进行高光度调整，如图8-16所示。调整【Base Specular】参数值可改变Bridge材质球高光部分的强弱，如图8-17所示。

图8-16

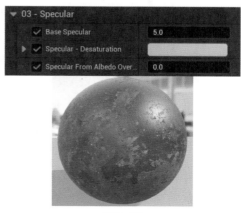

图8-17

8.2.6 粗糙度调整

　　材质编辑器界面右侧的【细节】选项卡中的【04-Roughness】栏可用于进行粗糙度调整，如图8-18所示。可以调整【Max Roughness】参数值来改变Bridge材质球的最大粗糙度，数值越大，Bridge材质球越粗糙，如图8-19所示。也可以调整【Min Roughness】参数值来改变Bridge材质球的最小粗糙度，数值越小，Bridge材质球越光滑，如图8-20所示。

图8-18   图8-19   图8-20

8.2.7 法线贴图调整

材质编辑器界面右侧的【细节】选项卡中的【05-Normal】栏可用于进行法线贴图调整，如图8-21所示。调整【Normal Strength】参数值可改变Bridge材质球法线贴图的强弱，如图8-22所示。

图8-21

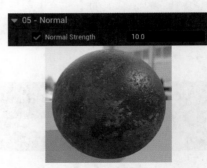

图8-22

8.2.8 次表面材质调整

材质编辑器界面右侧的【细节】选项卡中的【06-SSS】栏可用于进行次表面材质调整，如图8-23所示。在调整次表面材质时，可以调整【SSS Color】的颜色来改变Bridge材质球透光部分的颜色倾向。

图8-23

案例 8-1：Bridge 岩石材质球

了解 Bridge 材质球的调整参数以后，可以尝试从【Quixel Bridge】资产库中下载一个岩石材质球来练习调整参数。

微课视频

1. 导入 Bridge 岩石材质球

首先在【Quixel Bridge】资产库【HOME】界面左侧的菜单栏中选择【Surfaces】选项，如图 8-24 所示，随后下载一个岩石材质球并导入项目工程中，如图 8-25 所示。

图 8-24

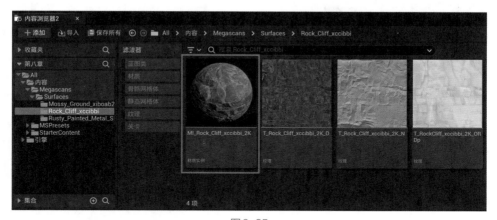

图 8-25

2. 调整密度和颜色倾向

双击下载的 Bridge 岩石材质球，如图 8-26 所示。在【00-Global】栏下方找到【Tiling X】和【Tiling Y】参数，将这两个参数都调整为 5，使其密度扩大 5 倍，如图 8-27 所示。随后展开【01-Albedo】栏，调整【01-Albedo】栏中的【Albedo Tint】的颜色来改变 Bridge 岩石材质球的颜色倾向，这里将【Albedo Tint】的颜色

图 8-26

改为红色，如图8-28所示，Bridge岩石材质球的颜色将变为红色。

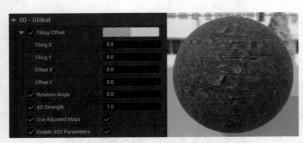

图8-27   图8-28

3. 调整粗糙度和法线贴图

因为岩石并不存在金属度等属性，所以在本案例中直接调整其粗糙度和法线贴图来改变其材质细节信息。在【细节】栏中找到【04-Roughness】栏，随后调整【04-Roughness】栏中的【Max Roughness】参数值为2，以改变Bridge岩石材质球的最大粗糙度，如图8-29所示。

找到【05-Normal】栏，调整【Normal Strength】参数值为2，以改变Bridge岩石材质球法线贴图的强弱，使材质球表面更加凹凸不平，如图8-30所示。

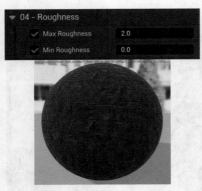

图8-29   图8-30

此外，还可以为白模赋予岩石材质。例如，在【内容浏览器】中找到一个方体白模并拖入视口中，随后将岩石材质球拖到白模上面，这样一个岩石质感的方体就制作完成了，如图8-31所示。

图8-31

8.3 Bridge 植被材质球

Bridge 植被材质球可用于创建逼真的植被效果，调整其透明度和通透性，可以使植被看起来更加自然。而调整风力，还可以模拟植被在风中摇摆的效果，让场景更加生动。调整 Bridge 植被材质球的参数可以让植被在不同环境下展现出各种细致的变化，为场景增添更多细节和真实感。

8.3.1 透明度调整

【Quixel Bridge】资产库中还有一种特殊的材质球是 Bridge 植被材质球，Bridge 植被材质球除了有一些默认的参数，还多了几个专属的调整参数，以便我们创建出更加生动逼真的植物细节。

在【Quixel Bridge】资产库【HOME】界面左侧菜单栏中选择【3D Plants】选项，如图 8-32 所示。下载一些花草植物资产并导入项目工程中，如图 8-33 所示。

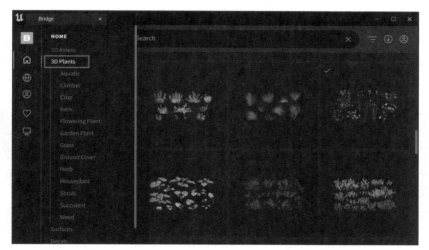

图 8-32

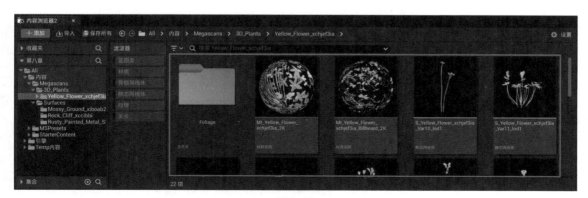

图 8-33

双击 Bridge 植被材质球，在材质编辑器界面右侧找到【04 - Opacity】栏，用于进行透明度调整，如图 8-34 所示。可以调整【Opacity Intensity】参数值来改变 Bridge 植被材质球的透明度，当数值为0时，Bridge植被材质球会消失不见，如图8-35所示。

图8-34

图8-35

8.3.2 通透性调整

在材质编辑器界面右侧找到【06-Translucency】栏，用于进行通透性调整，如图8-36所示。调整【Translucency Strength】参数值可改变Bridge植被材质球的通透性，数值越大，Bridge植被材质球的通透性就越强。例如，这里将数值改为10，Bridge植被材质球的通透性就是之前的10倍，材质球会变得更加通透明亮，如图8-37所示。

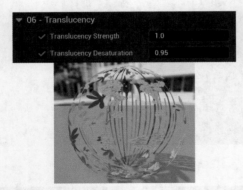

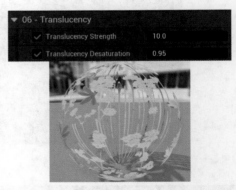

图8-36

图8-37

8.3.3 风力调整

在材质编辑器界面右侧找到【07-Wind】栏，用于进行风力调整，如图8-38所示。调整【07-Wind】栏的参数可以让植物具有动态效果，受风力影响而摇摆，更加生动和逼真。调整【Wind Intensity】参数值可改变Bridge植被材质球受风力影响的强度，数值越大，强度就越大。

图8-38

案例8-2：创建Bridge花朵材质球

微课视频

1. 导入花朵资产

学习Bridge植被材质球的特殊参数后，可以导入其他植被资产来进行练习。打开【Quixel Bridge】资产库，选择【HOME】界面左侧菜单栏中的【3D-Plants】选项，随后下载并导入一个花朵资产，如图8-39所示。再将花朵资产拖入视口中，方便观察材质变化对植被资产的影响，如图8-40所示。

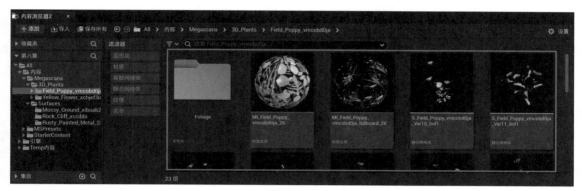

图8-39

2. 调整通透性

双击Bridge花朵材质球，如图8-41所示。随后在右侧找到【06-Translucency】栏。调整【06-Translucency】栏中的【Translucency Strength】参数值为5，让花朵看起来更通透，如图8-42所示。此时可以观察到视口中的花朵资产模型也变得更加通透，如图8-43所示。

图8-40

图8-41

图8-42

图8-43

3. 调整法线贴图强度

在材质编辑器界面右侧找到【05-Normal】栏，随后调整【05-Normal】栏中的【Normal Intensity】参数值为10，以改变Bridge花朵材质球的法线贴图强度，如图8-44所示。此时可以观察到视口中的花朵资产模型的细节也变得更加丰富，如图8-45所示。

图8-44

图8-45

8.4 课堂案例：庭院场景的Bridge材质球调整

本章的课堂案例是庭院场景的Bridge材质球调整，我们将调整Bridge材质球的参数来改变场景中模型资产的效果，通过本案例的学习，我们将进一步掌握如何使用Bridge材质球。

微课视频

8.4.1 导入Bridge资产

在Unreal Engine中打开【Quixel Bridge】资产库，随后在【Quixel Bridge】资产库【HOME】界面左侧菜单栏中选择【3D-Plants】选项，下载并导入花朵资产，如图8-46所示，再下载并导入树木资产，如图8-47所示。

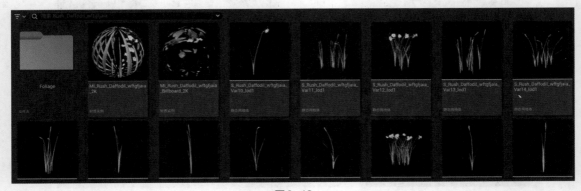

图8-46

图8-47

8.4.2　庭院场景搭建

先在【内容浏览器】中拖曳两个方体白模资产到视口中，调整【位置】【旋转】【缩放】等参数，将其当作庭院场景中的墙壁，如图8-48所示。随后再次拖曳一个方体白模资产到视口中，调整参数后将其当作庭院的地面，如图8-49所示。

将刚刚导入的花朵资产和树木资产放置在搭建的庭院地面上，使其像一个小的庭院场景，如图8-50所示。

图8-48

图8-49

图8-50

8.4.3　将材质赋予墙壁和地面

在【Quixel Bridge】资产库【HOME】界面左侧菜单栏中选择【Surfaces】选项，随后下载并导入一个合适的Bridge墙壁材质球，如图8-51所示。再下载并导入一个Bridge泥土材质球，如图8-52所示。

双击Bridge墙壁材质球，调整【00-Global】栏下方的【Tiling X】和【Tiling Y】参数值为0.5，使墙壁的纹理密度变小，如图8-53所示。再将Bridge墙壁材质球拖曳到视口中的墙壁白模上，如图8-54所示，这样墙壁就制作完成了。

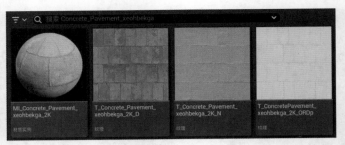

图8-51

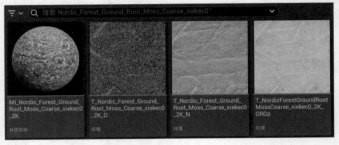

图8-52

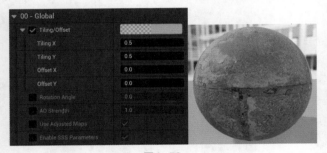

图8-53

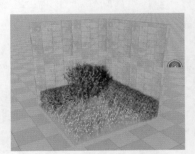

图8-54

　　双击Bridge泥土材质球，由于从【Quixel Bridge】资产库中直接下载的Bridge泥土材质球颜色比较浅，所以调整【01-Albedo】栏中的【Albedo Tint】的颜色为暗一点的棕色，使其颜色变深，如图8-55所示。再将Bridge泥土材质球拖曳到视口中的地面白模上，如图8-56所示，这样地面就制作完成了。

图8-55

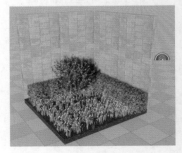

图8-56

8.4.4　Bridge花朵材质球调整

双击Bridge花朵材质球，在右侧找到【06-Translucency】栏。调整【06-Translucency】栏中的【Translucency Strength】参数值为5，让花朵看起来更通透，如图8-57所示。再找到【07-Wind】栏，调整【07-Wind】栏中的【Wind Intensity】参数值为0.5，让花朵随风摇晃的幅度更大一点，如图8-58所示。这样花朵在视口中呈现的效果会更加生动逼真，如图8-59所示，庭院中的花朵就制作完成了。

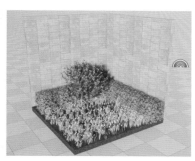

图8-57　　　　　　　　　　图8-58　　　　　　　　　　图8-59

8.4.5　Bridge树木材质球调整

双击Bridge树木材质球，这里不需要调整树木的颜色，只调整风力即可。在右侧找到【07-Wind】栏，调整【07-Wind】栏中的【Wind Intensity】参数值为0.3，如图8-60所示。这里一定要注意，除了某些特殊场景，树木很难受到风力影响而产生大幅度的晃动，因此微调即可，如图8-61所示，这样庭院场景就制作完成了。

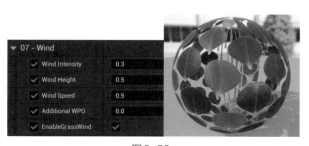

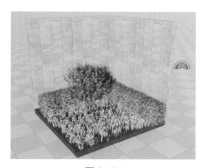

图8-60　　　　　　　　　　　　　　　　图8-61

8.5　知识拓展

除了使用LOD动态成面和Nanite网格体技术外，还可以尝试使用Instanced Static Meshes（实例化静态网格）来批量渲染相似的物体，减少渲染负载。另外，利用Level Streaming（关卡流）技术可以将场景分割成多个子关卡，根据玩家位置动态加载和卸载场景，提高游戏性能和加载速度。合理使用贴图压缩和纹理合并技术，可以减少游戏的占用内存和加载时间，增强游戏的整体表现力。

微课视频

8.6 课后练习："沙漠棉"场景制作

本章课后练习是"沙漠棉"场景制作，效果如图8-62所示。通过本次练习，我们可以熟悉Bridge材质球的使用。在练习中，我们可以尝试调整Bridge材质球的颜色、粗糙度等参数，使其更符合沙漠棉的特征。也可以尝试调整透明度和通透性，以及调整风力来模拟沙漠棉在风中摇曳的效果。这样的练习有助于提升对Bridge材质球的理解和运用能力。

图8-62

第9章

项目设置及后期盒设置

在本章中，我们将学习 Unreal Engine 中的项目设置和后期盒设置。通过项目设置，我们可以调整项目的各种参数，以满足特定的需求。而后期盒设置则允许对场景的后期处理效果进行调整和优化，以增强画面效果，并实现更好的视觉表现。

本章学习目标

1. 掌握Unreal Engine中项目设置的基本操作，包括Lumen相关设置等，以满足特定需求。
2. 理解后期盒设置的功能和作用，学会调整后期处理效果，以增强场景的视觉表现力。

本章知识结构

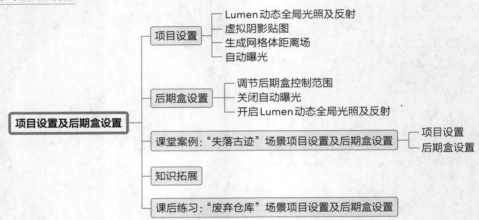

9.1 项目设置

本节将重点介绍Unreal Engine中的项目设置，包括Lumen动态全局光照及反射、虚拟阴影贴图、生成网格体距离场以及自动曝光等内容。通过学习这些内容，我们可以更好地优化项目的视觉效果，提升游戏体验。

9.1.1 Lumen动态全局光照及反射

因为在Unreal Engine中默认未开启Lumen动态全局光照及反射，所以在进行场景搭建时需要先在项目设置中将其开启，以便更好地观察场景效果。

在进行项目设置前要先启用Shader Model 6（SM6）目标着色器格式，不先启用SM6，即便开启了Lumen动态全局光照及反射或虚拟阴影贴图，也是没有效果的。

打开Unreal Engine项目，然后在顶部菜单栏中选择【编辑】→【项目设置】命令，如图9-1所示。在【项目设置】窗口中选择【平台】→【Windows】选项，如图9-2所示。在【项目设置】窗口右侧找到【D3D12 Targeted Shader Formats】栏，在【D3D12 Targeted Shader Formats】栏中勾选【SM6】复选框，如图9-3所示，随后重启项目，如图9-4所示。

图9-1

图9-2

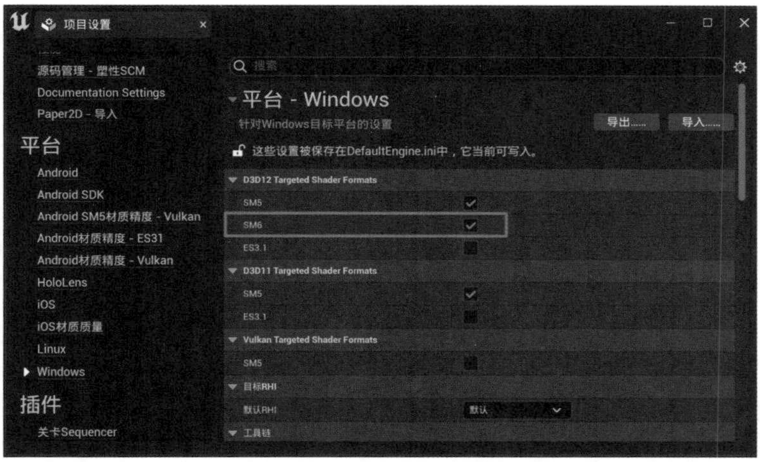

图9-3

图9-4

　　重启项目后，重新打开【项目设置】
窗口，选择【引擎】→【渲染】选项，
如图9-5所示。然后在【项目设置】窗
口右侧找到【Global Illumination】栏，
在【Global Illumination】栏中的【动态全
局光照方法】下拉列表中选择【Lumen】
选项，此时下方【反射】栏中的【反射
方法】也会自动变为【Lumen】，这样
就开启了Lumen动态全局光照及反射，
如图9-6所示。

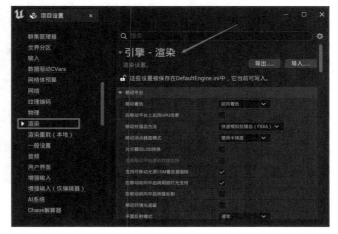

图9-5

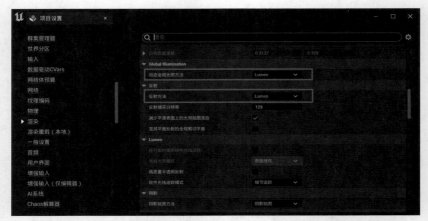

图9-6

9.1.2 虚拟阴影贴图

在开启Lumen动态全局光照及反射以后，还要开启虚拟阴影贴图（Virtual Shadow Maps，VSM），这是一种用于实时渲染的技术，可以在游戏中模拟真实世界中的阴影效果。与传统的阴影映射技术相比，虚拟阴影贴图能够提供更加柔和、逼真的阴影效果，还能有效减少锯齿和阴影失真等问题。它通过将阴影信息存储在纹理中，并利用深度和可见性信息来渲染阴影，从而实现高质量的实时阴影效果。虚拟阴影贴图通常用于需要高品质阴影效果的场景，如开放世界游戏、虚拟现实应用等。

在【项目设置】窗口中选择【引擎】→【渲染】选项，然后在【项目设置】窗口右侧找到【阴影】栏，在【阴影】栏中的【阴影贴图方法】下拉列表中选择【虚拟阴影贴图（测试版）】选项，这样就开启了虚拟阴影贴图，如图9-7所示。

图9-7

9.1.3 生成网格体距离场

在Unreal Engine中启用Lumen动态全局光照及反射和虚拟阴影贴图还离不开一个关键设置，

那就是【生成网格体距离场】。网格体距离场（Distance Field）是一种用于实时计算物体之间距离的技术，常用于实时光照、碰撞检测和阴影生成等场景。

在【项目设置】窗口中选择【引擎】→【渲染】选项，随后在【项目设置】窗口右侧找到【Software Ray Tracing】栏，勾选【Software Ray Tracing】栏中的【生成网格体距离场】复选框即可，如图9-8所示。

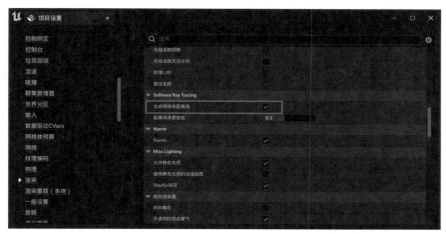

图9-8

9.1.4 自动曝光

Unreal Engine默认开启了自动曝光，这可以让场景时刻保持良好的光照效果，但是在搭建场景的过程中，自动曝光有时候会影响对当前打光的判断，无法确定当前打光效果如何，因此在开始搭建场景时可以先关闭自动曝光。

打开【项目设置】窗口，选择【引擎】→【渲染】选项，在【项目设置】窗口右侧找到【默认设置】一栏，在【默认设置】栏中取消勾选【自动曝光】复选框即可，如图9-9所示。

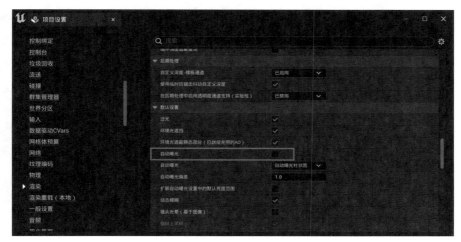

图9-9

9.2 后期盒设置

本节将学习后期盒设置，包括调节后期盒控制范围、关闭自动曝光，以及Lumen动态全局光照及反射等内容。通过调整这些设置，我们可以优化场景的视觉效果，并控制渲染输出的质量和外观。

9.2.1 调节后期盒控制范围

后期盒（Post-Process Volume）是Unreal Engine中用于调整场景渲染效果的重要工具。它可以用于控制场景的色彩、对比度、亮度、饱和度等各种视觉效果。通过对后期盒的设置，可以实现各种各样的视觉效果，从而增强游戏的画面表现力和沉浸感。

在Unreal Engine上方工具栏中单击【快速添加到项目】按钮，选择【视觉效果】→【后期处理体积】选项，如图9-10所示，即可为当前场景添加后期盒，后期盒呈现出正方体框架的形式，如图9-11所示。正方体框架内的场景会受到后期盒的参数影响，正方体框架外的场景则不受影响，可调整后期盒的大小来确定它的影响范围。

图9-10

图9-11

可以手动缩放来调整后期盒的控制范围，如图9-12所示。除了手动缩放，还可以将后期盒的控制范围设置为无限，这样就可以直接影响整个场景。在【大纲】模块内选中【PostProcessVolume】后期盒，如图9-13所示。随后在下方【细节】选项卡中搜索【无限范围】，在搜索结果中找到【后期处理体积设置】栏，勾选【后期处理体积设置】栏中的【无限范围（未限定）】复选框，即可将后期盒的控制范围更改为无限，如图9-14所示。

图9-12

图9-13

图9-14

9.2.2 关闭自动曝光

前文介绍过如何关闭自动曝光，但除了要在【项目设置】窗口中关闭自动曝光，还要在后期盒中确认是否关闭自动曝光。在【大纲】模块中选中【Post-ProcessVolume】后期盒，随后在下方【细节】选项卡中展开【Exposure】栏，确认所有复选框都是未勾选的即可，如图9-15所示。

9.2.3 开启Lumen动态全局光照及反射

启用后期盒后，除了要在【项目设置】窗口中开

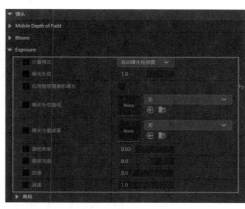

图9-15

启Lumen动态全局光照及反射，还要在后期盒中也开启Lumen动态全局光照及反射。在【大纲】模块中选中【PostProcessVolume】后期盒，然后在下方的【细节】选项卡中找到【全局光照】栏，勾选【全局光照】栏中的【方法】复选框，并选择【Lumen】选项，如图9-16所示；找到【反射】栏，勾选【反射】栏中的【方法】复选框，并选择【Lumen】选项，如图9-17所示，即可开启Lumen动态全局光照及反射。

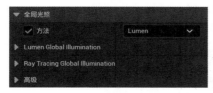

图9-16

图9-17

9.3 课堂案例："失落古迹"场景项目设置及后期盒设置

本章的课堂案例是对之前搭建的场景"失落古迹"进行项目设置及后期盒设置：通过设置Lumen动态全局光照及反射、启用虚拟阴影贴图、生成网格体距离场，并调节自动曝光，打造出充满神秘气息的环境；通过后期盒设置，调节后期盒控制范围和自

微课视频

动曝光，以及利用Lumen动态全局光照及反射，进一步增强场景的氛围感和视觉效果，使玩家沉浸在富有冒险和探索元素的古迹之中。

9.3.1 项目设置

打开【失落古迹】项目关卡，如图9-18所示。在顶部菜单栏中选择【编辑】→【项目设置】命令，在【项目设置】窗口中先启用SM6，如图9-19所示。然后开启Lumen动态全局光照及反射，如图9-20所示，并勾选【生成网格体距离场】复选框，如图9-21所示。最后在【项目设置】窗口里面取消勾选【自动曝光】复选框，完成"失落古迹"场景的项目设置，如图9-22所示。

图9-18

图9-19

图9-20

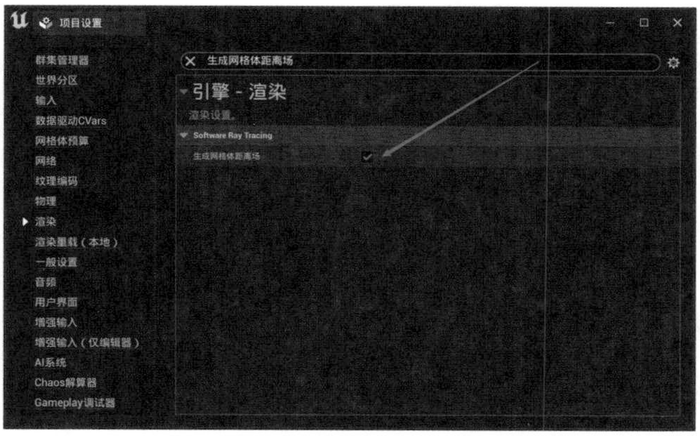

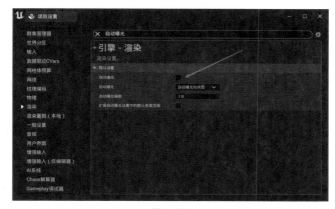

图9-21

图9-22

9.3.2 后期盒设置

对"失落古迹"场景完成项目设置以后，还需要添加后期盒，并对后期盒进行设置。首先在 Unreal Engine 上方工具栏中单击【快速添加到项目】按钮 ，选择【视觉效果】→【后期处理体积】选项，为当前场景添加后期盒，如图9-23所示。然后将后期盒的控制范围调整为无限，如图9-24所示，再确认后期盒内是否关闭自动曝光，如图9-25所示，最后在后期盒内开启 Lumen 动态全局光照及反射即可，如图9-26所示。

图9-23

图9-24

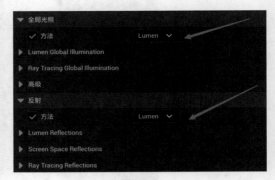

图9-25 图9-26

9.4 知识拓展

在项目设置及后期盒设置中，除了进行常规调节，还可以利用蓝图系统进行更加高级和个性化的后期处理效果控制。在蓝图中使用Post Process Volume节点，在游戏运行时动态修改后期处理效果，例如，根据游戏事件或玩家行为实时调整亮度、对比度、色调等参数，从而增强游戏的氛围感和沉浸感。动态修改后期处理效果可以为游戏带来更加丰富和更具交互性的视觉体验，使玩家感受到更加真实和引人入胜的游戏世界。

9.5 课后练习："废弃仓库"场景项目设置及后期盒设置

本章的课后练习是"废弃仓库"场景项目设置及后期盒设置，效果如图9-27所示。在这个课后练习中，我们将对"废弃仓库"场景进行项目设置以及后期盒设置。首先需要设置Lumen动态全局光照及反射、调节虚拟阴影贴图、生成网格体距离场，以及调整自动曝光等参数，然后调节后期盒控制范围和自动曝光，进一步增强场景的氛围感和视觉效果，创造出逼真的"废弃仓库"场景。

微课视频

图9-27

第10章

实战案例:"荒漠
之城"场景搭建

微课视频

本章将搭建"荒漠之城"场景。根据参考效果图搭
建白模,利用地形模块创建地形,并为地形及河流
赋予合适的材质。这个实战案例将帮助我们学习如
何利用Unreal Engine的工具和功能来快速搭建场
景,并为后续的细节和效果制作打下基础。

本章学习目标

1. 学习如何在Unreal Engine中创建基本的场景，包括建筑和自然地形的简单模型。
2. 学习如何使用材质球来为场景中的各种元素赋予基本的质感和颜色。

本章知识结构

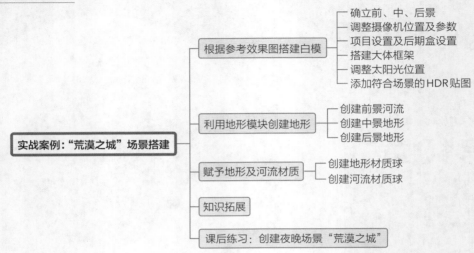

10.1 根据参考效果图搭建白模

本节将学习如何根据参考效果图来搭建白模，包括确定前、中、后景，调整摄像机位置及参数，项目设置及后期盒设置，搭建大体框架，调整太阳光位置，以及添加符合场景的HDR贴图等内容，以便快速搭建出符合设计要求的场景框架。

10.1.1 确立前、中、后景

在进行大场景的搭建时通常需要先确定场景的前、中、后景，之后再进行白模搭建。"荒漠之城"场景的最终效果图如图10-1所示。确定该效果图的前、中、后景，如图10-2所示。

图 10-1

图 10-2

可以看到左侧的山坡、前面的河流和上方飞船一起构成了前景，右侧的山坡和右侧建筑等一起构成了中景，最后的金字塔和它左侧的建筑等构成了后景，在搭建白模时将这些景别一一确定，方便后面直接进行模型替换。

10.1.2　调整摄像机位置及参数

打开 Unreal Engine，在顶部菜单栏中选择【文件】→【新建关卡】命令，随后在弹出的对话框中选择所需的【Basic】关卡并创建，如图 10-3 所示。

图 10-3

在 Unreal Engine 上方的工具栏中单击【快速添加到项目】按钮，选择【过场动画】→【电影摄像机 Actor】选项，为场景添加一个摄像机，然后将摄像机后移，如图 10-4 所示。

图 10-4

在【大纲】模块中选中【CineCameraActor0】对象，如图 10-5 所示。然后在下方的【细节】栏中将摄像机的【当前焦距】改为 12，让视口承载更多画面，如图 10-6 所示。

图10-5

图10-6

在视口左上角单击【透视】按钮 透视，随后选择【CineCameraActor0】选项，如图10-7所示，将当前视角切换为摄像机视角，如图10-8所示。

图10-7

图10-8

10.1.3 项目设置及后期盒设置

打开"荒漠之城"场景的【项目设置】窗口，如图10-9所示。先启用SM6，如图10-10所示。然后开启Lumen动态全局光照及反射，如图10-11所示，还要勾选【生成网格体距离场】复选框，如图10-12所示。再选择虚拟阴影贴图，如图10-13所示。最后取消勾选【自动曝光】复选框，完成"荒漠之城"场景的项目设置，如图10-14所示。

图10-9

图10-10

图10-11

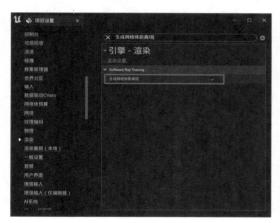

图10-12

图10-13

图10-14

　　完成项目设置以后为"荒漠之城"场景添加后期盒,如图10-15所示。随后调整后期盒设置,将后期盒的控制范围调整为无限,如图10-16所示。再确认后期盒内是否关闭自动曝光,如图10-17所示。最后在后期盒内开启Lumen动态全局光照及反射即可,如图10-18所示。

图 10-15

图 10-16

图 10-17

图 10-18

10.1.4 搭建大体框架

1. 前景框架

完成基本的项目设置以后就可以用白模搭建大体框架了，先用正方体代替前景的左侧山坡，如图10-19所示。然后拖动一个圆柱体到正方体上方，代替效果图中的飞船，如图10-20所示。

图 10-19

图 10-20

2. 中景框架

用胶囊代替中景的山坡，通过不断复制胶囊模拟连绵的山坡，如图10-21所示。再用多个长方体代替中景的建筑，如图10-22所示。

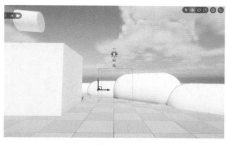

图10-21

图10-22

3. 后景框架

直接用椎体代替后方的金字塔，如图10-23所示，随后用长方体代替后景的建筑，如图10-24所示。

图10-23

图10-24

10.1.5　调整太阳光位置

从效果图中可以看到，太阳光是从右上角斜射过来的，如图10-25所示。在【大纲】模块中选中【DirectionalLight】对象，也就是太阳光，如图10-26所示。然后调整太阳光的角度，使其从右上角斜射过来，如图10-27所示。

图10-25

图10-26

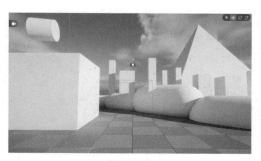

图10-27

10.1.6 添加符合场景的HDR贴图

在搭建场景时不仅需要调整太阳光的参数使其与场景融合，还需要一个适合场景的HDR贴图，这会使场景效果更加逼真、天空光照更加符合场景。

在Unreal Engine的【插件】窗口中勾选【HDRIBackdrop】复选框，如图10-28所示。随后重新启动项目并在场景中添加【HDRI背景】，如图10-29所示。

图10-28

图10-29

在Poly Haven官网下载适合"荒漠之城"场景的HDR贴图并导入【内容浏览器】中，如图10-30所示。再将HDR贴图替换到【HDRI背景】中，并勾选【Use Camera Projection】复选框，如图10-31所示。调整HDR贴图的角度，使其与场景融合，如图10-32所示。

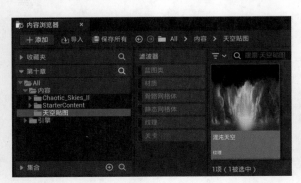

图10-30

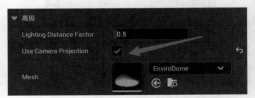

图10-31

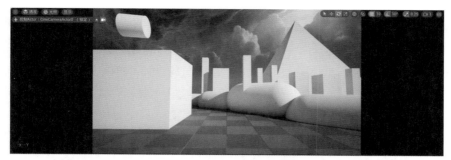

图 10-32

10.2 利用地形模块创建地形

本节将利用地形模块创建地形，包括创建前景河流、创建中景地形和创建后景地形。通过这些步骤，可以有效构建出具有层次感的地形，为整个场景增添视觉吸引力。

10.2.1 创建前景河流

"荒漠之城"效果图的前景中有一条河流，如图10-33所示。直接用一个平面来模拟河流，如图10-34所示。

图 10-33

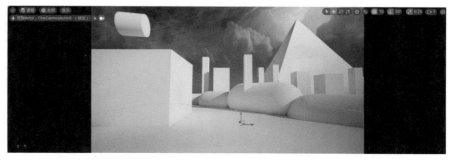

图 10-34

10.2.2 创建中景地形

在Unreal Engine上方的工具栏中单击【选项模式】按钮 <kbd>选项模式 ✓</kbd>，选择【地形】选项，进入地形模式，如图10-35所示，随后将之前创建的地面正方体删掉，再单击【创建】按钮，得到最基础的地形模块。同时在这一步再完善一下前景，利用【雕刻】工具栏中的【雕刻】工具来绘制河流附近的山坡，如图10-36所示。

图10-35

图10-36

10.2.3 创建后景地形

在"荒漠之城"效果图中，后景也是有山坡的，如图10-37所示。继续利用地形模块和【雕刻】工具将后景的山坡绘制出来，如图10-38所示。

图10-37

图10-38

10.3 赋予地形及河流材质

本节将学习如何为地形及河流赋予材质,包括创建地形材质球和创建河流材质球。通过这些步骤,可为场景中的地形和河流添加逼真的材质,增强视觉效果,使场景更加真实和生动。

10.3.1 创建地形材质球

雕刻好地形以后,还需要为地形赋予地形材质,这样才算完成地形的制作。先在 Poly Haven 官网下载合适的地形贴图,随后导入项目工程中,如图10-39所示。

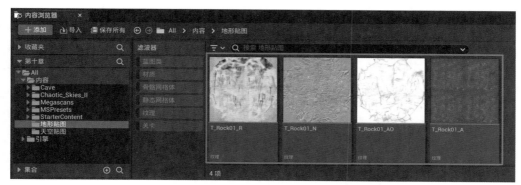

图 10-39

将地形贴图拖入材质编辑器界面中,随后将对应的节点连接在一起,如图10-40所示。单击【应用】按钮后退出材质编辑器界面,将地形材质球拖曳到雕刻好的山坡上,如图10-41所示,这样地形就制作完成了。

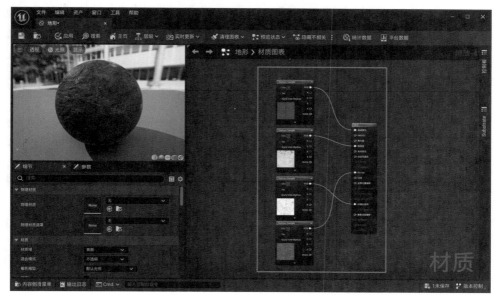

图 10-40

图10-41

10.3.2 创建河流材质球

之前使用了平面来代替河流模型，现在只需制作一个河流材质球并赋予该平面即可。首先新建一个材质球，打开材质编辑器界面，在编写材质基础区域中按住3键，单击创建三维向量节点，再将该节点转变为参数节点，然后在该节点左下角的黑色区域双击，打开取色器，调出水体的蓝色，再连接到材质结果节点中的【基础颜色】，如图10-42所示。在编写材质基础区域中按住S键，单击创建参数节点，将参数节点的数值改为0.2，并连接到材质结果节点中的【粗糙度】；随后复制一个参数节点，将参数节点的数值改为1，连接到材质结果节点中的【Metallic】，如图10-43所示。

图10-42

在编写材质基础区域中按住T键，单击创建【Texture Sample】节点，随后在左侧【细节】选项卡下方的【纹理】处搜索【water】，找到合适的法线贴图，如图10-44所示。再将【Texture Sample】节点连接到材质结果节点中的【Normal】，这样河流材质球就制作好了，如图10-45所示。单击【应用】按钮后，将该材质球拖曳到平面上即可，如图10-46所示。

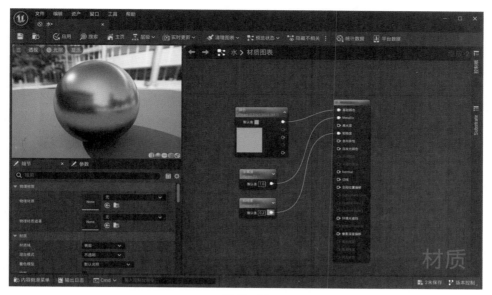

图 10-43

图 10-44

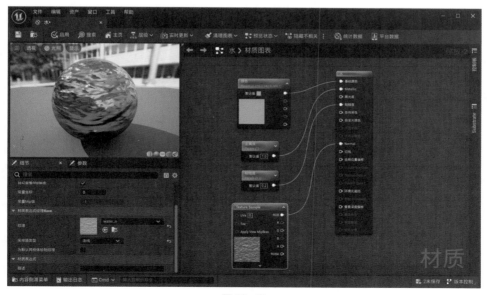

图 10-45

图 10-46

10.4 知识拓展

在搭建白模时，首先需要考虑场景的整体布局和构图，确保各个元素的位置和比例符合设计要求。其次，利用地形模块创建地形可以使场景更加真实和丰富，调整地形的高度和形状，可以营造出不同的地形效果，增加场景的层次感。最后在给地形和河流赋予材质时，需要根据场景需求调整材质的参数，如颜色、纹理等，以达到所需的视觉效果。

10.5 课后练习：创建夜晚场景"荒漠之城"

微课视频

本章的课后练习我们可以尝试创建夜晚版本的"荒漠之城"场景，效果如图10-47所示。通过调整光照、材质和后期效果，营造出夜晚独特的氛围。可以尝试使用不同的HDR贴图，以获得较好的夜晚光照效果。

图 10-47

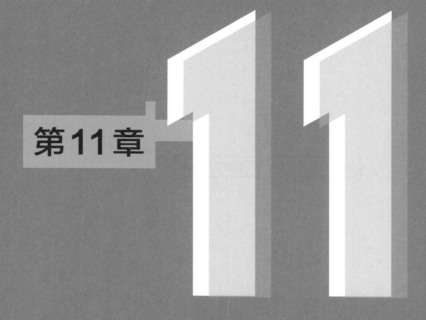

第11章

实战案例："荒漠之城"后期效果制作

微课视频

本章将学习如何通过模型替换、模型微调、局部打光及细节打光、添加雾气以及后期盒调整等操作来制作后期效果。通过这个案例，我们可以学会如何将一个简单的场景逐步优化，使其达到更加逼真和令人惊叹的效果。这将帮助我们更好地理解 Unreal Engine 中的渲染和后期处理技术，提高场景设计和制作能力。

本章学习目标

1. 掌握模型替换和模型微调技巧，能够有效调整场景中模型的位置和外观，使其更符合设计要求。
2. 学习局部打光和细节打光的方法，能够为场景增添细节和层次感，提高场景的视觉质量。

本章知识结构

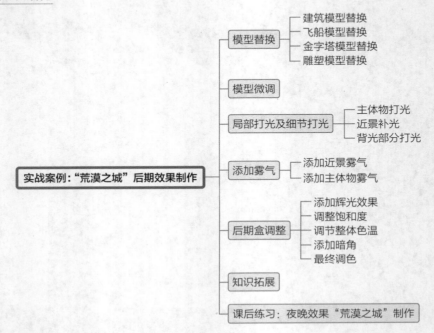

11.1 模型替换

在搭建好白模以后，可以通过Unreal Engine的模型替换功能直接将白模替换为要搭建的模型，改变场景的整体氛围和风格。通过巧妙地选择替换模型，可以使场景更加生动、丰富，提升视觉效果。

11.1.1 建筑模型替换

可以在【虚幻商城】或其他资产商城下载好建筑模型资产包并导入"荒漠之城"的项目工程中，如图11-1所示。

随后在视口中选中代替建筑的长方体，在右侧的【细节】栏中找到【静态网格体】栏，如图11-2所示。在【内容浏览器】中选中想要替换的建筑，如图11-3所示，再单击【静态网格体】栏下方的【使用内容浏览器中选择的资产】按钮，完成建筑模型的替换，如图11-4所示。

图 11-1

图 11-2

图 11-3

将所有代替建筑模型的长方体都替换为建筑模型，如图 11-5 所示。

图 11-4

图 11-5

11.1.2 飞船模型替换

在【虚幻商城】或其他资产商城下载好飞船模型资产并导入"荒漠之城"的项目工程中，如图11-6所示。随后选中左侧山坡上方的圆柱体，再在【内容浏览器】中选中飞船模型，最后单击右侧【静态网格体】栏下方的【使用内容浏览器中选择的资产】按钮，完成飞船模型的替换，如图11-7所示。

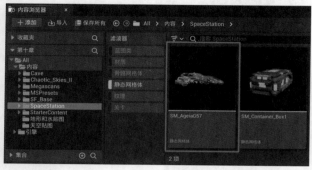

图11-6

图11-7

11.1.3 金字塔模型替换

将金字塔模型资产包导入"荒漠之城"的项目工程中，如图11-8所示。然后选中后景的锥体模型，再在【内容浏览器】中选中金字塔模型，最后单击右侧【静态网格体】栏下方的【使用内容浏览器中选择的资产】按钮，完成金字塔模型的替换，如图11-9所示。

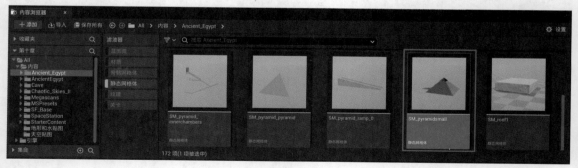

图11-8

图11-9

11.1.4　雕塑模型替换

在视口中可以看到还有代替雕塑的长方体模型没有替换，为此，将雕塑模型资产包导入【荒漠之城】的项目工程中，如图 11-10 所示。选中代替雕塑的长方体，再在【内容浏览器】中选中雕塑模型，最后单击右侧【静态网格体】栏下方的【使用内容浏览器中选择的资产】按钮 ⬅，完成模型的替换，如图 11-11 所示。

图 11-10

图 11-11

11.2　模型微调

在完成模型的替换后，还需要对模型的大小、方向和位置等参数进行调整，因为模型直接替换过后一般和白模很难完全匹配，所以在替换后还需要对每个模型进行微调，调整后的效果如图 11-12 所示。

图 11-12

11.3 局部打光及细节打光

在后期效果制作中，局部打光及细节打光非常重要。通过对主体物进行打光，可以突出其重要性；近景补光可以增强局部细节的表现力，使场景更加生动；对背光部分进行打光则可以增强场景的层次感和立体感，使整体画面更加丰富，更具有冲击力。

11.3.1 主体物打光

对主体物进行打光可以进一步突出主体物，增强立体感。查看"荒漠之城"场景效果图可以发现主体物是后景中的金字塔，如图11-13所示。在场景中添加一个聚光源，调整聚光源的位置、方向以及强度和衰减半径等参数，稍微打亮金字塔的左侧阴影区域，如图11-14所示，最后将聚光源的颜色调整为偏冷的淡蓝色，使画面具有冷暖对比的效果，如图11-15所示。

图11-13

图11-14

图11-15

11.3.2 近景补光

在场景中距离我们最近的地方就是近景，所以近景表现出来的细节也是最多的，通过近景补光可以增强局部细节的表现力，使场景更加生动。先添加聚光源照亮河流周围的山坡，并将颜色调整为偏冷的蓝色，使其和画面亮部形成冷暖对比，如图11-16所示。最后添加点光源对部分较暗区域进行补光，如图11-17所示。

图 11-16

图 11-17

11.3.3　背光部分打光

在场景中通过背光来增强场景的层次感和立体感,使整体画面更加丰富和具有冲击力,并且添加背光时尽量避免使用点光源,因为只需要照亮模型的背面即可。可以为"荒漠之城"场景的主体物以及河流周围的山坡添加背光,使画面看起来更有层次感,且增强了太阳光从右上角直射过来的视觉效果。先使用聚光源为主体物金字塔添加背光,如图 11-18 所示。随后为山坡添加背光,突出山坡轮廓,如图 11-19 所示。

图 11-18

图 11-19

11.4　添加雾气

在后期制作中,添加雾气是营造氛围和增强场景纵深感的重要步骤。通过添加近景雾气,可以营造出朦胧感,增强画面的立体感和神秘感;而添加主体物雾气可以使主体物更加突出,产生视觉焦点。总之,添加雾气可以使场景更加丰富多样,增加视觉吸引力。

11.4.1　添加近景雾气

可以在【虚幻商城】或其他资产商城下载雾气贴图资产并导入"荒漠之城"的项目工程中,如图 11-20 所示。随后为近景山坡添加雾气,如图 11-21 所示。

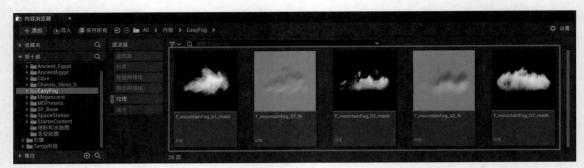

图 11-20

图 11-21

11.4.2 添加主体物雾气

为主体物添加雾气可以使主体物更加突出，产生视觉焦点。由于主体物处于场景的后景中，雾气的浓度可以大一点，让雾气更明显一点，如图 11-22 所示。

图 11-22

11.5 后期盒调整

在后期制作中，后期盒调整是提升画面质量和表现力的关键步骤。添加辉光效果和调整饱和度可以使画面更加生动和丰富，调节整体色温可以营造出不同的氛围，添加暗角可以增强画面的焦点和层次感，最终调色则是为了使整体画面达到更好的视觉效果。这些调整可以使画面更加吸引人，增强视觉冲击力。

11.5.1　添加辉光效果

在【大纲】模块中选中【PostProcessVolume2】对象，如图11-23所示。随后在下方的【细节】选项卡中找到【镜头】栏并展开，找到【Bloom】栏，如图11-24所示。通过调节【Bloom】栏中【强度】的数值来改变当前场景的辉光强度，如图11-25所示。

图11-23

图11-24

图11-25

11.5.2　调整饱和度

观察当前"荒漠之城"场景可以发现饱和度过低，在后期盒的【细节】选项卡中展开【Global】栏，就可以看到【饱和度】选项，如图11-26所示。将【饱和度】数值设置高些，即可提高当前场景的饱和度，效果如图11-27所示。

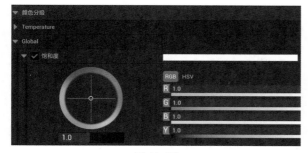

图11-26

图11-27

11.5.3　调节整体色温

可以对"荒漠之城"场景的整体色温进行调节，使场景看起来更和谐。在后期盒的【细节】选项卡中展开【Temperature】栏，就可以看到【色温】选项，如图11-28所示。考虑到场景处在荒漠中，所以场景整体偏暖，将【色温】数值增大一点即可，效果如图11-29所示。

图 11-28

图 11-29

11.5.4 添加暗角

添加暗角可以在一定程度上突出画面的焦点。在画面边缘逐渐加深暗度，可以使中心区域更明亮，增强视觉冲击力和层次感。在后期盒的【细节】选项卡中展开【Image Effects】栏，调整【Image Effects】中的【晕映强度】数值就可以添加暗角，如图11-30所示。将【晕映强度】数值改为0.7，暗角的效果更加明显，如图11-31所示。

图 11-30

图 11-31

11.5.5 最终调色

回到【细节】栏的【颜色分级】栏中，再微调整体画面的色彩，可以调整色调、对比度、亮度等参数，使画面色彩更符合场景的氛围，整体画面更加和谐统一，如图11-32所示。

图 11-32

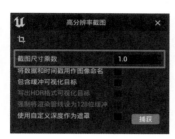

确定最终画面效果后，单击视口左上角的■按钮，随后选择【高分辨率截图】选项，如图11-33所示。设置【截图尺寸乘数】为1，如图11-34所示，再单击【捕获】按钮，就可以导出效果图了，如图11-35所示。

图 11-33　　　　　　　　图 11-34　　　　　　　　图 11-35

11.6　知识拓展

在“荒漠之城”的后期效果制作过程中，除了进行常规的模型替换、模型微调、局部打光及细节打光、添加雾气和后期盒调整等制作外，还可以考虑进行其他操作。首先是特效添加，如给远处山坡添加模糊效果等，以增强场景的真实感和视觉效果。其次，可以利用粒子系统在场景中添加飞扬的尘埃、飘落的叶子等，使场景更加生动。要注意各个细节的处理，比如纹理的细节、模型的精细度等，这些因素都会影响最终画面的质量。最后，考虑在场景中添加一些动态元素，如转动的风车、流水等，增强场景的互动性。这些操作可以帮助我们进一步优化“荒漠之城”的最终效果，使其更加真实、生动和具有吸引力。

11.7　课后练习：夜晚效果“荒漠之城”制作

微课视频

在本章的课后练习中，我们可以继续尝试创建夜晚版本的“荒漠之城”场景，效果如图11-36所示。通过调整光照、材质和后期效果，营造出夜晚独特的氛围。可以尝试使用不同的光源，如点光源、聚光源和矩形光源，以打造各种照明效果。此外，还可以调整材质的反射属性和颜色，以及添加自发光贴图，使场景更加生动。通过这个练习，我们可以进一步熟悉 Unreal Engine 中的光照系统和材质制作技术，提升场景设计能力。

图 11-36